Life's Engines

How Microbes Made Earth Habitable

生命40億年史の主人公

微生物が地球をつくった

ポール・G・フォーコウスキー
Paul G.Falkowski

松浦俊輔 訳

青土社

微生物が地球をつくった　目次

微生物が地球をつくった　生命40億年史の主人公

両親エドとヘレン、妻にして親友のサリー・ラスキン、娘サーシャとミリトに。

プロローグ

人生／生命（ライフ）は連綿と続く事故、偶発事、便乗の歴史である。私はニューヨーク市のハーレムのはずれにある公団住宅で育った。九歳くらいの頃、母が同じ棟の若い夫婦の世話をしていた。二人はコロンビア大学の大学院生で、何階か下で暮らしていた。

その二人、ビル・コーエンと妻のミリアムは生物学を研究していて、部屋にいくつかの水槽を置いて熱帯魚を飼っていた。二人はとても素敵な若夫婦に見えて、母はきっと、二人が別に知らなくてもいいようなことを、あれこれ助言したにちがいない。それはともかく、夫婦にはまだ子どもがなく、母が私を紹介するとまもなく、二人は私を部屋に呼んで水槽の熱帯魚を見せてくれた。私はやみつきになった。

紹介されて何週間かすると、ビルとミリアムは小さな水槽をくれて、私はグッピーと、フラスコモという水草を育て始め、卵を抱えたグッピーの雌が水草のベッドで新生児を産むのを見ていた。熱帯魚について読みあさるようになり、だんだん熱帯魚や魚全般に熱中するようになった。私は意図せずして、生物学者になる道にいた——すべておせっかいでおしゃべりな母のせいで、エレベーターにいた大学院生カップルと出会ったおかげだった。

時間がたつと、小遣いやアルバイトの給料の一部を貯めては、もっと大きな水槽や、だんだん高価になっていく変わった魚を、今はもう伝説のアクァリウム・ストック・カンパニーで買った。この店はロワーマンハッタンのウォレンストリートとマレーストリートの間のブロック全体にわたっていた。そこは熱帯魚の熱狂的愛好者が自分の趣味を満足させるところだった。

ほぼ同じ頃、父が、何年かの間二人でほぼ毎週土曜日に通っていたアメリカ自然史博物館で、小型の顕微鏡を買ってくれた。顕微鏡は父にとっては高価で、きっと手が出せないほどだったが、私はずっと前からほしがっていた。その顕微鏡は私の人生を変える誕生日プレゼントとなった。博物館は顕微鏡のような商品を売らないと成り立たないのもわかるが、そうしたものを来館する子どもに配ることができれば、ずっと良いのではないかと思う。

父のプレゼントのおかげで、私は、水槽で泳いでいる細かい生物の、肉眼では見えない、魔法のような世界を見て調べることができるようになった。その顕微鏡はそれほど高性能ではなかったが、それまで想像もできなかったような世界を見せてくれた。そこにいた生物はびっくりどころではなかった。

何百時間も顕微鏡を覗(のぞ)いて過ごし、眼前で繰り広げられてはいても、自分の経験からするとあまりに異質だったシュールな顕微鏡の世界を理解しようとした。微生物がもっと小さな粒子を消化するのも見えた。単細胞生物が分裂するのも見えた。泳いでいる生物、スライドグラスの上を「歩いて」移動する生物が見えた。そうした生物が動く仕組み、食べる仕組み、生きる仕組みは、私にはわからなかった。

そこで、一二五番街にある地元の公共図書館で本を借りて読み、微生物の世界について勉強を始めた。図書館には、二階に続く堂々とした階段に、わくわくするような模型の帆船も置いてあった。科学書が置いてある、児童書用ではない一般書の部屋へ行くには、その帆船のそばを通らなければならなかった。帆船と科学書の間で、自分がいるハーレム地区の外の世界について夢想することができた。自分で飼っている魚の出身地であるアフリカや南米の異国の土地や、図書館に少しだけあったその方面の本に載っていた図版を見て、顕微鏡で見おぼえのある微生物についても熱中するようになった。

顕微鏡と図書館の本で、ゾウリムシが繊毛を使って動く様子、アメーバが、水槽の底に敷いたつるつるの小石の表面を滑るように進む様子がわかってきた。光に引き寄せられる生物、そうでない生物がいること、生活するために光を必要とする生物、有機物を追加してやらないといけない生物がいることもわかってきた。セントラルパークの池や、リバーサイドドライブの水たまりなどから取ってきた水のサンプルで微生物を育てるようにもなった。自分で微生物のように「考える」ことを試みた。想像の中でのこととはいえ、子どもにはさほど難しいことではない。

水槽で魚が交配するときには、透明な卵の殻の中で子どもが育つのを調べることができた。顕微鏡を使うと、水槽の壁に付着するいろいろな藻の形や、カタツムリがそれを削るように摂取するところも見えた。水槽の小石を動かしたり、岩を並べ替えたりすると、スライドグラスであらゆる生物の破片が見えたし、微生物の中でもごく小さいもの、人が「細菌（バクテリア）」と呼ぶ連中の動きもかろうじてわかった。その当時は、その細菌とはどういうものか、それが水槽の魚や植物とどう関係するか、本当にはわかっていなかったのだが。

母はいつも食中毒を気にしていて、私に水槽の水を飲んだら「ばい菌（ジャーム）」で病気になるからねと注意するのがつねだった。私はばい菌が何かよくわからなかったが、それが悪い物だということは知っていた。

母は、私が水槽の石を並べ替えたり標本を取り出したりすると、手を洗わせた。もちろん魚が暮らしている水を飲んだりはしなかったが、飲むと病気になるというのはわけがわからなかった。

水槽の魚はそのばい菌とやらで病気になったりはしなかった。魚は当然、その水を飲んでいるだろうに。あるいはそう見えるのに。水槽の水を飲んだら本当に病気になるのだろうか。あえて試しはしなかった――しかしその水はもともとアパートの洗面所の蛇口から取ったものだ。その蛇口から出る水は毎日飲んでいる。ただ、その水をそのまま水槽に注ぐと、魚は死んだ。魚は水道水に含まれる塩素に耐えられないことは知っていたし、細菌などの微生物がいる環境でないと元気に暮らせないことも知っていた。ところが私は塩素入りの水を飲むことはできたが、水槽の水を飲んだらほぼ確実に病気になるという。私は塩素入りの水を飲んでも安全な世界に暮らし、魚の方は、その世界にいるばい菌を殺す塩素にさらされると死んでしまう。そんなことがどうしてありうるのだろう。それでは筋が通らなかった。

微生物は良くもあり悪くもあるらしかった。九歳の私には、その矛盾に見えることはなかなか理解できなかった。母があれほど恐れるばい菌は、水槽の中では大事なものらしい。私はますますばい菌が微生物であることを意識するようになった。その頃は、どの人の腸にも厖大(ぼうだい)な数の微生物がいて、それが、水槽の微生物が魚にとって大事なのと同じように、人間にとって大事だということは、誰も知らなかった。

私はますます微生物の世界に、取り憑(つ)かれないまでも、魅了されるようになった。夜遅くまで、自分の鉱石ラジオのイヤホンで鳴るＷＡＢＣ局で、ＤＪのカズン・ブルーシーがかける一九六〇年代のヒット曲を聞きながら、顕微鏡で水槽から取った標本を何時間も見ていた。

何年かの間、私は水槽、顕微鏡、水槽の微生物にとことん夢中の生活を送っていた。しかし一三歳くらいになると、私も手を広げ始めた。別の見えない世界——電磁波——に関心を抱くようになった。当時はそうは呼んでいなかった。ただ電波——あるいはそういう意味の言葉——とだけ呼んでいたと思う。この家から遠く離れた局から、どうやって画像や音が伝わるのだろう。その現象は途方もないことのように見えた。

両親は大のエレクトロニクス嫌いで、私が電波のこと、ましてやテレビのことを理解しようとしても、あてにはならなかった。一家でラジオを聞いていた——が、クラシック音楽だけだった（両親はジャズやロックンロールにははまらなかった）。家にはテレビはなかった。父はテレビのことを「時間泥棒」と呼んでいて、生活にはまったくふさわしくないと思っていた。家には文字どおり何千という本があった——そして父は読んで読んで読みまくっていた。私が確実にまじめな文学を読めるようになるよう仕向けていた。父がまだ生きていたら、インターネットのことはおそらく「時間強奪強盗団」とでも呼ぶのではないかと思う。父に文学や文章の世界に対する敬意を植え付けられながら、それでもいつのまにか、友だちの家でテレビも見て、電線もないのに音や絵が空中を伝わるのはどうしてか知りたくなっていた。私にとって、音と絵は姿形を変えるものだった。それが空中に送られてテレビに届く仕組みは想像できなかった。それでも、カズン・ブルーシーがマンハッタンのどこかでレコードをかける様子は何とか想像できたし、そこから何マイルも離れた自宅の鉱石ラジオでその曲を聞くこともできた。私はこの魔法がどういうからくりかを知ろうとした。

キャナルストリートの小さな店で安い部品を手に入れ、鉱石ラジオを組み立てた。いちばん電波が強いのは、AMで七七〇キロヘルツのWABCだった。実際その電波は強く、電波によって、できるものすごく弱い電場を電源にしている私の鉱石ラジオでは、唯一聴ける局だった。鰐口（わにぐち）クリップを鉱石ラジオから暖房のラジエーターまでの線に取り付けて、小さなイヤホンで好きに聴くことができた。カズン・ブルーシーはものすごいディスクジョッキーで、次にかける曲を大きな声で大仰に紹介し、誰が人気かを語った。何から何までかっこよかった——水槽の石を洗って並べるときにはブルーシーを聞くようになった。

大きくなると、近所で簡単なアルバイトをして、変わった魚を買っては水槽に入れた。キャナルストリートのあちこちの店で、中古の余った電気部品も買った。私はアフリカのカワスズメのファンになる一方で、アンプ、ラジオなどの簡単な電子機器を作っていた。変わった魚を交配して、アクアリウム・ストック・カンパニーのアルフレッドに売ることを通じて、基本的な遺伝学もおぼえた。電子が抵抗器で速度を落としてコンデンサに捉えられたりすることや真空管の動作をおぼえ、ラジオや小型の送信機を作ることによって、見えない電波の送信・受信のしかたをおぼえた。しかし頭の片隅では、一二五番街の図書館にあった船の模型を思い出していた。それはその向こうの世界を指し示す灯台だった。

自分の眼では見えない生物が、地球全体の生命による電子回路を発達させることによって、この地球の姿を変えた。その経緯を私がちゃんと知るには、さらに二〇年がかかった。電子回路というのはもののたとえではない。実際に地球上の生命を動かすエンジンである。自然史博物館に展示されているものではなかったが、私たちが生きられるようにするガスを生み出した。私が出す廃棄物を取り除いた。それがこの銀河の中の塵（ちり）の塊を、居住可能な惑星にした。

その後、父が買ってくれた顕微鏡で見ることができた水槽の中の世界は、私にとってますます重要になったが、なぜそうなのかはよくわかっていなかった。子ども時代の水槽で極微の生物が死に、底の砂利の中で分解されるのは、有機物が自動車を運転するときの燃料になれる経緯のごく小さなモデルとなるが、そのことを私が理解するのには、数十年がかかった。科学者として過ごすうちに、子どもの頃に組み立てた電子回路は生命に似ていることを理解するようになった。ただその回路は不完全だった。何かが欠けていた。自分が細胞の機能について肝心な仕組みを理解していないことに私は気づいた。細胞は電波からエネルギーを得るのではない。太陽から放出される光のもっと高エネルギーの粒子から得ている。もっとわからないことがある。ラジオはラジオの卵から発達して大きくなったり、新しいラジオを作ったりしないのに、細胞は次々と、自らを組み立てるし複製もする。細胞の複製は、生命と言えるかどうかを分ける最大の機能だ。

複製と代謝との綱引き関係は、地球で生物がどう進化したかを理解するうえで、今なおとくに難しい障害の一つである。その理解のためには、生命の電子回路をもっとよく理解する必要がある。二つの世界は私の頭の中ではすんなり接続しなかった。正直に言えば、私は学校でも「見えない世界」に対してあまり関心を向けなかった。生命の電子回路の世界を生物の進化と結びつけることは、高校の先生や大学の教授たちの展望や任務ではなく、その結びつきは自分で発見しなければならなかった。

私が行った高校では生物学は選択科目で、私が勉強しようとしていなかった領域のものだった。私は数学、物理学、化学を叩(たた)き込まれた。大学で与えられた生物学の本が、病気の媒体になるもの（「ばい菌」）以外は微生物をほとんど無視していることを知ったのは、もっとずっと後になってからのことだった。進化が取り上げられてはいても、話はほとんど動物や植物のことだった。私が読むよう求められた生物学の教科書は、わかりにくいだけでなく、はっきり言って退屈だった。生命の研究というどきどきの科目を、どうでもいい専門用語だらけにしてしまえることが理解できなかった。

それでも、ニューヨーク在住の大学生として自分が暮らす世界について考えていた頃、自宅からいちばん近い——リバーサイドドライブ沿いの——公園で多くの蝶を見たことをおぼえている。『ナショナルジオグラフィック』誌のある記事を読んで、メキシコの名も知らない平原から、北へ何千マイルも移動してリバーサイドパークまでやって来る蝶の移動についての話をはっきり思い出した。私は、蝶がこの一見するとさびれたハーレムの土地まで移動してくるときに何を経験したのだろうと思うことしかできなかった。この見たところかよわい動物が、何千マイルもの移動に耐えられるというのは、ものすごいどころではなかった。私にとっては、生命力の生きたシンボルだった。一二五番街の図書館にあった船の模型によって小さい頃の私の頭に収まった夢のように、蝶は国境を越えて逃れ、新しい世界を見つけに来たのだ。

大学では、牛の右眼と左眼の区別のしかた、人の手の骨の名、いろいろな花や果実の名と形状を教わった。歯の進化や、鶏が卵から発生する各段階に重点が置かれていた。その結果、次々と出てくるますますおぼえにくい、ほとんどはどうでもよい生物学の語彙が、主題そのものよりも重要になった。結局、私の大学での教育は、子どもの頃にはわくわくしていた生物学の驚異のほとんどすべてを私から消し去るという予想できなくもない結果となった。驚異は科学の形式化された言語と儀式化された文化に負けてしまう。「生命とは何か」、「生命はいつ始まったのか」、「その仕組みは?」といった中心にある問いが、もしそんなことが問われたことがあるとしても、遠いかなたの記憶となってしまうほど、哲学的崇拝（カルト）が強固に植え付けられる。

私の教育に当たった教授たちは、新兵を教育する鬼軍曹のように、そうしたあれこれのどうでもいい問いを私から追い出そうと力を尽くした。生物学、あるいはそれを言うなら科学の驚異は、ましてや喜びは、教授たちが面倒を見ている医学部予備学生の未来には何の意味もなかった。私が生物学研究の軍隊で将来出世する兵士になろうとしていたら、語彙と事実をおぼえなければならなかった。生命の電子回路や微生物のことは忘れなければならなかった。教授たちが悪いとは思わない。多くの教授は善意でそうしていた。それは科学の土壌だったし今もそうである場合が多い――「最善」を見つけ、「最悪」は除去するのだ。若い頭の持ち主を刺激して難しい問題と取り組ませる方法が問題だ――そして生命の起源の理解は難しい。残念ながら、「最悪」を除去するとき、一緒に科学の探究心による創造的な精神も消してしまいがちな教師もいる。

私が自然にある本物の水槽、つまり海で本格的な研究を始め、金星にはなぜ蝶がいないのか、あるいはいたとしても私たちにそれがわかるか、などと考えるようになるのは、ずっと後になってからのことだった。微生物的な過程が地球を支配して私たちも含めた動物にも住めるようにしている範囲や、子どもの頃に顕微鏡で見た生物が、見えなくても実在する生命の電子回路によってどう結びついているかにも気づくようになった。その回路がこの地球を動かしているのだ。

本書はその地球規模の電子回路がどのようにして存在するようになり、どのように自然の均衡を制御し、それを人類がどのように邪魔し、災いを招きかねないまでになっているかを説明しようとしている。まずは私たちが生きている日常的な大きさの世界で、何が見えて何が見えないかの話から始めよう。

第1章　見えない微生物

何年か前、私はトルコの北、黒海の沖で調査船に乗って研究する機会を与えられた。黒海は特異で魅惑の海域だ。水深一五〇メートルより下にはまったく酸素がない。私の仕事の中心は、水深一五〇メートルより上での光合成をする微生物の調査だった。

光合成する微生物は太陽光のエネルギーを用いて新しい細胞を作る。世界中の海に、光合成をする微生物、つまり植物プランクトンがいて、酸素を生み出している。そうした生物はもっと高度な植物の先駆けだが、地球の歴史ではずっと以前に進化した。何日かして、私たちの研究グループが何年か前から開発していた、植物プランクトンを探知するための装置、特殊な蛍光光度計が、誰もそれまで見たことがなかったような奇妙な信号を記録した。信号は水中の相当深いところにあった。ちょうど酸素がなくなり、光の強度が非常に低くなるところだった。作業を進めると、その変わった蛍光信号に関与する生物が、厚さがわずか一メートルほどの薄い層を占めていることに気づいた。それは光合成する微生物だったが、もっと上の方にいる植物プランクトンとは違って、酸素を作ることはできなかった。この微生物は、植物プランクトンよりもずっと前に進化した古い生物の仲間の代表例で、地球に酸素ができる前にいた生物の生きた名残だった。

黒海での作業は、地球での生命の進化についての私の考え方に多大な影響を及ぼした。私の頭では、試料を水中の深いところから取るというのは、時間をさかのぼって、かつて海を支配していながら、今は元の生息地のうちごくわずかな部分に集中している微生物を見つけるということだ。結局、このときの奇妙な蛍光信号に関与していた光合成をする緑色硫黄細菌は、限られた条件で生きる嫌気性〔酸素がないところで生きる〕細菌で、太陽からのエネルギーを使って硫化水素（H_2S）を分解し、水素を使って有機物を作る。こうした生物は、光の強度が非常に低いところでも生きられるが、ほんのわずかな酸素にも耐えることができない。

その後の何週間かにわたって黒海を横断し、いろいろなエリアで標本を取りながら、浅いところにいるイルカや魚を見たが、上層の一〇〇メートル程度より下には、多細胞の動物はいなかった。動物は酸素なしでは長くは生きられず、その酸素が水中深いところにはないらしい。微生物が黒海の環境を変えていた。微生物は水深一〇〇メートルより上の部分では酸素を生産したが、それより下では酸素を消費した。そうして黒海の奥底を自分たちだけの住処（すみか）にした。

洋上に一か月ほどいて、イスタンブールの港に戻り、トルコ絨毯（じゅうたん）を鑑賞した。トルコ北東部のアララト山は、ノアの方舟（はこぶね）の物語を描いた絨毯で有名だ。その地方の絨毯は、キリンやライオンやサルやゾウやシマウマなど、おなじみのあらゆる種類の動物のつがいを織り込んだ、豊かな壁掛けである。巻いた絨毯を商人が広げ、何杯も甘いお茶をふるまってくれる中、ノアの方舟の話が地球上の生命の理解に影響してそれを歪（ゆが）めたことを思い始めた。一方では、この話は破壊と復活の物語である。他方、神は人

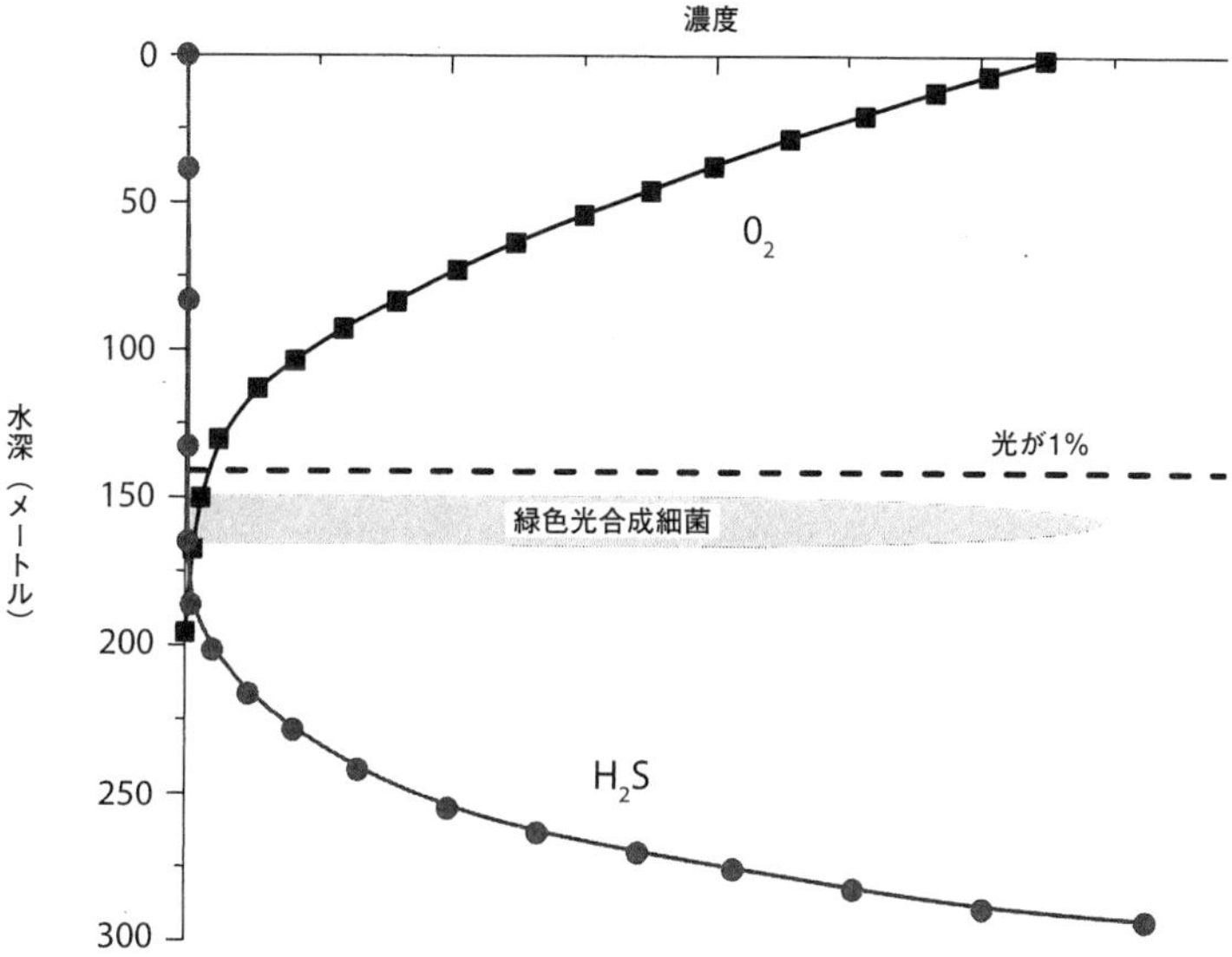

図１　黒海の上層300メートルまでで溶解している酸素と硫化水素（腐った卵のような臭いがする）の水深による分布概略。この海域は海としては特異である。海盆や海中では、酸素は海底まで検出される。水面の1%の日光が残っている深さのすぐ下に、光合成する細菌の非常に薄い層がある。この細菌は太陽からのエネルギーで硫化水素を分解して成長する。この生物の代謝は非常に古く、おそらく30億年以上前の、地球表面の酸素濃度がきわめて低い時期に進化したものである。

間を生物の管理者にしたという話である。どちらの場合にも、微生物は生命の創造者としても破壊者としても登場しない。

「進化」(evolution)という言葉は、文字どおりには「繰り広げる」という意味だが、商人が絨毯を広げても、聖書の方舟の物語では生命の進化の様子について手がかりが得られないところが見えてきた。地球上のすべての生物はノアに保存され、方舟に乗ったのか。一部の生物は取り残されたのか。方舟の物語は西洋の文化に深く埋め込まれているが、生命の起源について教えることはできない。生命の起源を理解するには、別の、科学に基づいた視点が必要で、それをとくに微生物の進化に適用する必要がある。

おおよそで言えば、科学は自然の中にパターンを見つける技である。パターンを見つけるには、注意深く観察しなければならない。また私たちは自分の感覚のおかげで偏向するのは避けられない。私たちは視覚の動物で、知覚は見えるものに頼る場合が多い。私たちが目にするものは、私たちが持っている道具によって決まる。科学の歴史は、別の視点から見られるようにしてくれる新しい道具の発明と密接につながっているが、あいにく、発明される道具には、私たちに見えるものというバイアスがかかっている。見えないものは見過ごされがちだ。微生物は長い間、とくに進化の歴史の筋書きでは、見過ごされていた。

地球で進行中の生命進化の物語のうち最初の何章かは、一九世紀に、動植物の化石——容易に見ることができた化石——を調べた科学者によって書かれた。当時の科学者が自然にあるパターンを観察すると言っても、微生物の世界は知られていなかった。岩石には明らかにそれとわかる微生物の化石記録はないし、微生物の進化のパターンは、生きた生物を見ていては識別しにくいという、二つの単純な理由による。微生物の化石を見つける道具も存在しなかった。そういう道具があったとしても、微生物が地球での進化を形成する上で果たした役割が認識されるようになったのは、その後の何十年かで新しい道具が使えるようになってからのことだ。動物や植物に見られる進化のパターンは、化石の形状や大きさ、また地質学的時間の中での化石の並び方から、歴史的に推定されたが、その手法は、微生物に当てはめた場合には、まったく機能しない。

要するに、微生物を文字どおりにも比喩的にも見逃すことで、一世紀以上の間、私たちの進化観は歪められていた。科学が自然の中にあるパターンを発見する技であるとすれば（それだけでも難しい）、それはまた肉眼では見えないパターンを発見することでもある。

しかしまず、一九世紀に登場した進化の物語を手短に確かめておこう。当時は、生命について今ある科学的概念の多くが形成されるようになった時期だった。その考え方は主として目に見えるものに基づいていて、トルコ絨毯に織り込まれていたような、洪水の話、ノアが神から任されて動物を管理するという話など、聖書に出てくる天地創造の物語を枠組みにしていた。

一八三〇年代の初め、ジェントルマン階層に属する科学者、ロデリック・インピー・マーチソンと、ケンブリッジ大学教授アダム・セジウィックが、ウェールズの地中深くに動物の化石があることを報告した。化石は何世紀も前から知られていたが、その意味はよくは理解されていなかった。多くの人々が、これは大昔に死んだ生物の形を写したものであることは認めた――しかしどれだけ前かははっきりせず、またその形がどうして残ったかも明らかではなかった。

セジウィックはイギリスでも有数の化石の権威で、その講義に出ていた学生の一人がチャールズ・

ダーウィンだった。一八三一年の夏、やっと二二歳になるかどうかで、ダーウィンは化石を実地に学ぶために、セジウィックとともにウェールズ北部の野外実習に出かけた。この経験がダーウィンの一生を変えた。ダーウィンはセジウィックが岩石から動物の化石を見つけるのを手伝っただけでなく、地質学の基本原理も学び、そうした観察技能が、その後の人生でずっと役立つことになる。

セジウィックとマーチソンによってイングランドとウェールズの岩に見つかった化石は、ヨーロッパの他のところでも見つかり、岩石中の化石の並び方に基づく分類学の体系が確立し始めた。化石の身体的特徴は、貝やロブスターや魚などのような、海に生息するおなじみの動物によく似ていることが多かった。しかし中には、ものすごく変わっていて、誰も当時の海でそれに似たものを見たことがないという化石もあった。化石の意味についてはおびただしい論争があったが、発見されたものからすると、動物の形態には、太古の海底にできた堆積物の低い方の層から高い方へ変化する順序があるらしかった。当時は一般に、並びの下側にある岩石の方が、上側の岩石よりも古いと理解されていた。

岩石中に動物の化石が発見されるのは新しいことではなかった。化石の初期の記載では、デンマークの科学者ニコラウス・ステノが一六六九年に記録したものが、おそらく最も有名だろう。ステノは、イタリアの岩石にサメの歯によく似たものを見つけたが、かつて生きていた生物の一部がどうしてこのように保存されるのかはわからなかった。それでもステノは、化石が岩石中でどう並んでいるかを注意深く考えた。岩石は層をなして並び、古い層ほど下に、新しい層ほど上にあるように見えた。この「地層累重」という概念は、堆積地質学の基本的法則の一つで、一世紀以上後のセジウィックによる化石記録の解釈に影響を及ぼした。ステノはその後、科学を捨て、教会に入って生涯を神に捧げた。初期の化石研究もほとんどが忘れられ、自身では、生命の始まりは創世記に述べられている通りだと信じた。

私にとって、岩石中に保存されている化石が時間に沿って並んでいるとする論理は並々ならぬ洞察だったが、当時は簡単には支持されなかった。地質学の基本的な情報がまだ得られていなかったからだ。化石にパターンを見いだそうという試みの大部分は、チャールズ・ライエルの偉大な精神を待たなければならなかった。ダーウィンの学問上の師の一人であり、近しい友人でもあった人物である。スコットランドの弁護士から自然史学者に転じたライエルは、自ら「地質学」と呼んだ科学の新しい分野を創始した功績を認められることが多い。ライエルは、ステノと同様、化石には論理的な順番があることに気づいたが、ステノとは違い、風化、火山活動、地震といった地質学的過程について詳説し、化石記録に観察できる順序を説明する助けにした。実際、ライエルによる岩石の順序での化石の説明は、後にダーウィンを触発して、生物が時間を経てどう変化するかについて考えさせることになった。ライエルとダーウィンの生涯の友人関係は、科学の中でも伝説的な共生関係だった。

一八三一年一二月二七日、ダーウィンは、英国艦ビーグル号での航海に出ようとしていた。全長三〇メートル弱、砲一〇門を備えた二本マストの帆船で、乗員七四名。寝室として与えられた海図室は狭く、置ける本はわずかだった。九フィート×一一フィート〔約二・七メートル×三・四メートル〕、天井の高さは五フィート〔約一・五メートル〕という部屋にかけたハンモックで眠った。暗い、快適ではない部屋で、しかも相部屋だった。ダーウィンは、いろいろある中で、一八三〇年に出たばかりのライエルの新刊、『地質学原理』の第一巻初版を持って行った。また自分用の欽定訳聖書も携行した。私が乗る船では、毎日お湯のシャワーが浴びられるし、小さな船室で相部屋という場合はあっても、たいていの調査船には図書室がある。ダーウィンが船酔いを言い訳にして、ほとんどすべての機会を捉えて下船し、大陸を歩き回って船の次の寄港地で落ち合ったというのも、たぶん意外ではないだろう。

ライエルは関心を抱く人々に、動物の化石が中央ヨーロッパのアルプス山脈まで、またスコットランドの山やイギリス諸島全体に押し上げられる経緯を説明するという難しい課題を引き受けた。基本的な問題の一つは、地球ができた時期とその過程だった。

何世紀かの間に、いくつかの説が出されていた。一つは中世のもので、神が自分の下に集まる者どもの信仰心を試すために、なじみの生物に見える岩石を作ったという説。馬鹿げた説だが、それを支持する人々は今でも、とくにアメリカの各地にたくさんいる。次は、太古の時代には、火山が爆発して海の動物を陸に運び、そこで動物が死んで骨格が岩石に保存されたとするもの。さらに、化石の動物は大洪水の後に水位が下がったときに死んだというもの。実は、化石の洪水起源説は、かのセジウィックには訴えるものがあった。他にもいくつかの説があり、ライエルはそれに対して雄弁に、また正確に反論した。法廷弁護士になっていても、陪審に向かってそんな立証を展開したのではないだろうか。

ライエルは、海の動物の化石が陸地の岩石に見られるのは、かつてその岩石は水中にあったからだという過激な説を唱えた。時間を経て、岩石は何らかの経緯で隆起し、陸上に積み重なったのだという。この考え方はいろいろな形で検証され、実際にその通りなのだが、それに関与する作用は、一〇〇年以上たたないと見えなかった。ライエルにつきつけられた大きな問題の一つは、地球の年齢についての説明だった。「大昔」とは何年前のことなのか。

地球の年齢は、北アイルランド、アーマーの主教、ジェームズ・アッシャーが、一六五四年出版の

『聖書年代記』で念入りに計算していた。それはイギリスの教育を受けた市民ならほとんど誰でも、天地創造の時期の最も正確な推定と受け取っていた。聖書を文字どおりに解釈することに基づいて、地球が創造されたのは、ユリウス暦で紀元前四〇〇四年一〇月二三日に先立つ日曜の夜と判定した。つまり、今からおよそ六〇〇〇年前ということになる。

ライエルは法学部の学生として論証術の訓練を受けていて、化石となった動物の存在と変化を説明するために用いられる非論理的な、時には不合理な思考過程をおもしろがった。論証術の力を理解し、「中世の大学で奨励された学問的な論争の体系は、不幸にも人々を訓練して不確かな論証の習慣に向かわせ、学者は馬鹿げた突飛な命題を好むことが多かった。そういうものの方が成り立たせるために腕を必要としたからだ。そのような知的争いの目標、目的は、勝つことであって、真理ではなかった」と書いている。しかし才能ある弁護士をもってしても、文字になった神の言葉に対する論争では勝てない。

ライエルは進化の進み方がどんなものか、またもちろん、地質学的な時間の測定方法も知らなかった。ジャン゠バティスト・ラマルクの理論――動物が生きている間に獲得した形質はともかくも未来の世代に伝えられる――はどんな説にも劣らず、またたいていのものよりも合理的だと、ライエルは考えた。確かにラマルクは、動物の形態についての研究から（背骨のない動物――無脊椎動物――についての研究では世界的な権威だった）、生物は、単純な形態から複雑な形態まで時間的に延びる鎖に沿って並べることができると唱えた。つまり、生物が時間とともにどうにかして変化する――進化する――という説を立てたのだ。実はラマルクは、今や生物の教科書や授業ではほとんど根拠がないと馬鹿にされ、無視されるものの、「生物学」と自ら呼んだ分野の学問的な父だった。

動物の化石が時間の矢印に沿った岩石の層に並んだという考え方によって、ダーウィンは、生物について時間の物差しで考えるようになったが、それは想像しにくく、簡単に量で表せるものでもなかった。最古の化石が他の化石の何メートルも下にあったとしても、それだけの岩石が積み重なるのに何年かかるのだろう。

ダーウィンはマーチソンとセジウィックが見つけた初期の化石でとことん悩まされた。化石になった動物を含む岩石の層の下には、化石を含まない層があることを知ったが、なぜそうなるのかはわからなかった。動物の記録はどこからともなく現れるらしく、その進化はわりあい速そうに見えた。しかしどれほど速いのか。そして、魚の化石が出てくるのに、その下にはなぜ、突如として、無脊椎動物らしい生物しかいなくなるのか。さらにその下には動物の化石がまったくないのはなぜか。地質学でノアの方舟を描くトルコ絨毯を広げるようなものだが、絨毯の半分には動物がいなかった。ダーウィンはこうした問題について、まず自分が納得しなければならず、それから同業の人々に対して説明しなければならなかった。こうした問題に答えるには、岩石の年代を特定し、そのためには時計が必要だった。

一八五九年九月七日、ビッグベンが収まる時計塔で初めて鐘が鳴った。時計は精巧に作られていて、きわめて正確だ。それは確かに、産業革命時代のイギリスの技術と職人技を象徴するものだった。その歴史的な出来事の二か月後、正確には一一月二四日、ロンドンのアルバーマール街で立派な出版業を営むジョン・マレー三世が、チャールズ・ダーウィンの新刊『自然淘汰（とうた）による種の起源について、あるいは生存を求める闘いで有利なものが維持されること』を発売した。

『種の起源』（と後に題が短縮された）の第九章で、ダーウィンは、絶滅した化石の動物が、変化、あるいは進化して現代の形態になるのに必要な時間を計算しようとしている。この問題は一筋縄ではいかなかった。ライエルとその先駆けで、スコットランドの医師ジェームズ・ハットンは、地球は無限に古いと唱えていた。ダーウィンはこの説が正しいかどうかわからなかったが、地球はできてから六〇〇〇年ではすまないことは確かに信じていた。もっと現実的な年齢を得るために、紛れもなく巧みとは言わなくても、実に興味深い地質学的時間の測定法を考案した。

ダーウィンの時計は地質学的現象に基づいていた。化石が入っている種類の岩石、堆積岩の風化の速さである。具体的には、イングランド・ケント州の海に臨む、ウィールドという、よく調べられていた白亜と砂岩の崖を選んだ。ダーウィンはこの地層が一〇〇年あたり約一インチ〔約二・五センチ〕風化すると計算して、当時の地層の大きさに基づいて、ウィールド地層が露出するには、三〇六、六六二、四〇〇年、つまりざっと三億年かかると計算した。

ダーウィンは崖そのものの地層ができる時間は計算しなかったが、それは細かいことだった。さらに、ウィールドの下の岩石も計算しなかった。それを考えれば、崖の年齢をさらに上げて、ライエルが考えたように、おそらく無限に古いということになっただろう。ダーウィンによる崖の年齢推定は、確かに大胆な推測で、もっと良い制約条件もない中では、明らかに合理的で、物理的に妥当な考え方に基づいていた。その含みは明らかで、地球は非常に古いということだ。アッシャーが計算したよりはるかに古く、当時のたいていの人々がともかくも想像できたよりもずっと古かった。地球上に生命が生まれた年代が決まるわけではないが（今でもそれは不明）、もっと下には化石がない岩石もあるのだから、ダーウィンの地球の年齢の推定は控えめだということにはなる。

それでも、何億年というのは聖書にはない話で、誰もが学校で教わったことがあることには合わなかったのは確かだ。ダーウィンは、その推定が懐疑で迎えられることは明瞭にわかっていたが、その後どうなるかは知りようがなかった。ダーウィンが推定した地球の年齢は、一七世紀のアーマーの主教による聖書に支持された計算を攻撃しただけでなく、ある仲間の科学者によって攻撃された。物理学者のウィリアム・トムソン、後にケルヴィン卿(きょう)となる、当時のアインシュタインのような人物だった。トムソンは物理学の基本原理に基づいて、誤解を正しにかかった。

トムソンは、地球が最初溶けた岩石で、その後冷えたと前提すれば、地球の年齢は正確に求められると論じた。地殻の深さによる温度変化の測定結果や、岩石の熱伝導について行なった実験結果を用いて、地球が今の状態になるまでどれだけの速さで冷えたかについて式を考えた。一八六二年、トムソンは地球ができておよそ一億年と発表した。二〇〇〇万年から四億年という巨大な不確定部分があることを認めたが、その後、トムソンはさらに独断的になって、実際の年齢は二〇〇〇万年の方に近いと確信するようになった。この推定年齢は、ダーウィンが考えたような進化が進むには短すぎるようだった。トムソンはダーウィンの進化に関する新説に対する厳しい批判の先頭に立つ一人となった。進化そのものを信じなかったからというよりも、物理学者として、風化の速さのような地質学的な作用に基づく地球の年齢の計算を信じなかったからだ。最終的に、トムソンの反対意見によって、地質学者は地球の年齢を表すもっと優れたモデルを考えざるをえなくなったが、それができるには、さらに一世紀近くがかかることになる。

ダーウィンが孤立していても正しければ、地球上では実に長い長い時間を経て生物は進化したことになる――想像されるよりずっと長い。しかし生物はどのように進化したのだろう。一八三七年のノートBの三六頁にある落書きのような図で、ダーウィンは生命の樹の概略を描き、そこで生物は共通の祖先に由来する親戚であり、その関係の度合いは物理的な外見の類似で識別できるという過激な思想を表した。基本的な概念はラマルクが半世紀以上前に考えていたものと似ているが、ダーウィンは、その過程の生じ方について、まったく別の考え方を得た。

動物の形態の変化はわずかずつで、岩石にある化石どうしの距離に基づくと、進み方が遅いらしかった。加えて、この説が成り立つには、化石記録で先に現れた生物の中には絶滅して新種に置き換わるものがあるとせざるをえなかった。そうでなかったら、地球上の動植物の種は際限なく増えることになる。言い換えれば、生物が絶滅してしまうと、後の化石記録に再び現れることはないはずだ。

ダーウィンは、この特筆すべき革命的な説には注文がつくことを認識していたし、実際にそうなった。化石は明らかに動物や植物の遺骸だったが、岩石には人間の骨はなかった。それが本当なら、ダーウィンは、人間が「見当たらない」ことの意味を明らかに理解していた〔人間が登場したのは比較的最近ということ〕。人間も、化石記録にある動物のように、ある生物から別の生物へと進化するような過程によって生じなければならない。どれだけの時間がかかるかは不明だが、長い時間をかけて。

遺伝子の概念や形質の物理的な継承の土台は、ダーウィンも、当時の人々もまったく知らなかった〔グレゴール・メンデルは形質の継承に関する研究を、『種の起源』の初版が出てから六年以上後の一八六六年になるまで、発表しようとしなかった〕。確かに、たいていの生物学の教科書で混乱はあるものの、ダーウィンは、生物が環境から得た特徴を伝えられるというラマルクの基礎的な概念を受け入れることに大きな問題を感じなかった。しかしダーウィンの主な貢献は、あらゆる生物種の中で、淘汰の対象となりうるばらつきが自然に生じるという考え方だった。犬や鳩の育種家はそれをいつも行なっていた。しかし自然では、形質は生物種が暮らす環境によって淘汰されるとダーウィンは唱えた。淘汰は生物の生殖のための能力を強化するか、しないか、いずれかだ。強化するなら、その形質は特定の環境に適していて、次の世代に伝えられる。淘汰によって続く変化を伴う継承という概念は、『種の起源』で六章分を占める。これは今までに出された科学の学説でも顕著なものの一つで、今に至るまで、生物学の中心にある統一原理である。

『種の起源』には、本の最後の方に、分類群（タクサ）の仮説的起源の図解が一つある。これはノートBの落書きにだいたい基づいている。奇妙なことに、この図はすべてのタクサの唯一の起源を示してはおらず、むしろ、新種をもたらす多くの起源があるようになっている。起源の概念は、生命の起源の場合と同じく、ダーウィンの頭の奥にはあったが、本では明示的に論じられているわけではない。

『種の起源』が出版されて一〇年以上たってから、ダーウィンはジョセフ・フッカーに宛てた一八七一年の手紙で、生命は「何らかのアンモニアやリン酸塩の類――それに光、熱、電気などがある小さな温かい水たまりで、タンパク質のような化合物が、さらに複雑な変化を受けられるように、化学的に形成されて」生じたのではないかと推測している。「今ならそのような物質はすぐに食べられる、あるいは吸収されるが、生命が形成される前にはそういうことはなかっただろう」。

この考え方が述べられてから八〇年後、スタンリー・ミラーと、ノーベル賞も受賞した指導教授のハロルド・ユーリーは、実際にアミノ酸（タンパク質の部品）を、シカゴ大学の実験室で作った。二人はア

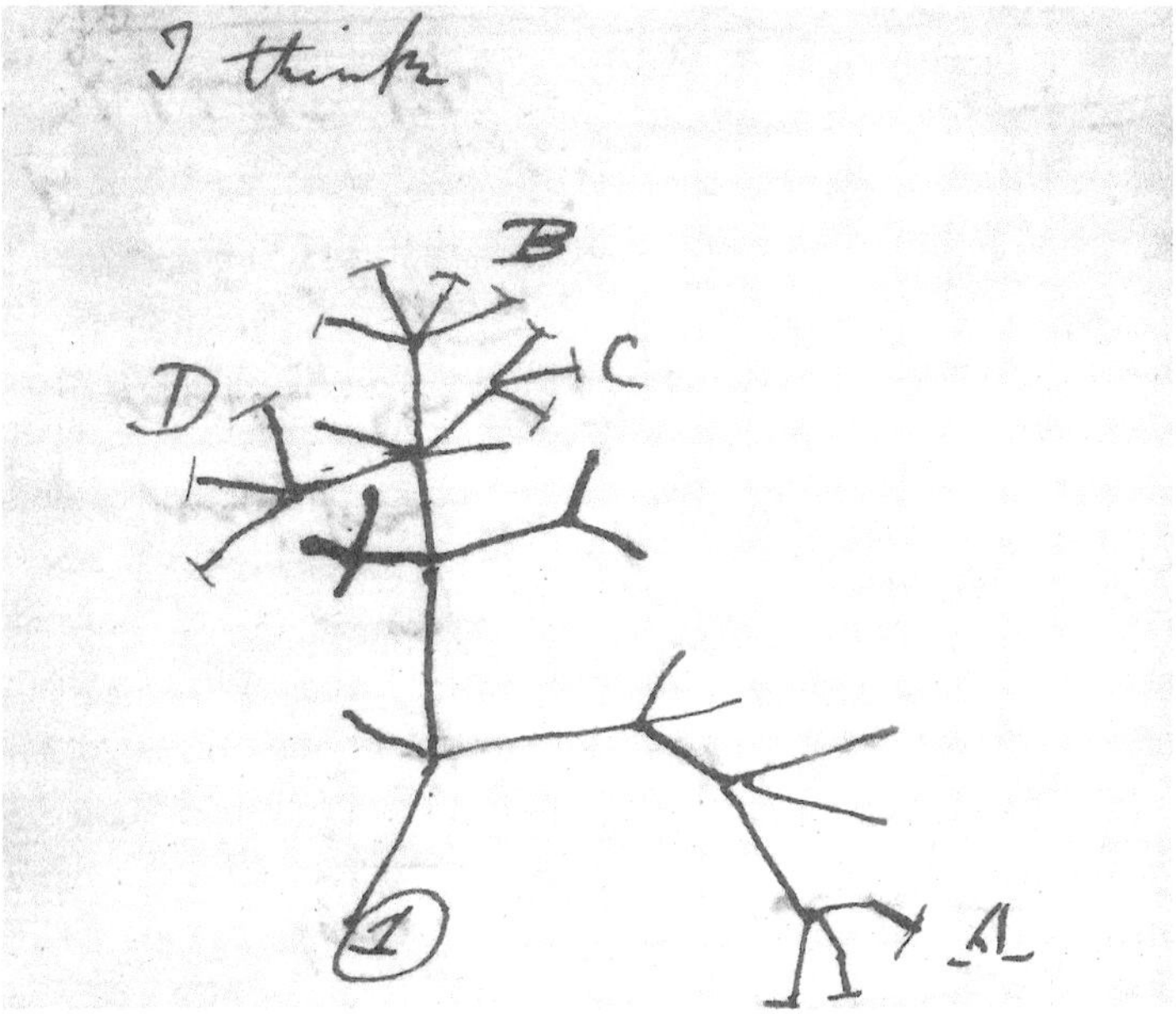

図2　1837年から1838年にかけてのノートBでダーウィンが描いた落書きの複製。基本的な考え方は、現存種は絶滅種の子孫だが、他の現存種と親戚で、歴史的につながる生命の樹をなすということだ。この落書きは、淘汰による、変化を伴う継承の理論——ダーウィンの進化論の核心——にとっての中核をなした（Cambridge University Press の許諾と Peter and Rosemary Grant 夫妻の厚意による。Copyright © 2008 The Committee for the Publication of Charles Darwin's Notebooks）。

ンモニアガス、メタン、水素、水と、稲妻をまねた電気火花を使った。この実験は一九五三年に発表され、生命の起源の理解は近いという大きな希望をもたらした。しかし、生物の化学的成分を作ることと、生物そのものを作ることの間には巨大な隔たりがある。ごく単純な生物でさえ、化学成分が組織されて微視的（マイクロスコピック）な〔「顕微鏡で見えるような大きさ」ということ〕装置になり、それが代謝作用をもたらし、細胞の複製を可能にする。ゼロから始めて生きた生物を作った人はまだいないが、不可能ということではない。

微生物は最も単純な生物であり、ダーウィンがきっと気づいていたが、自説にどう取り込めばいいかは確信できなかった生物である。実際、ダーウィンはビーグル号に顕微鏡を携行した（聖書と自然史の本何冊かのほかに、二丁のピストル、一二枚のシャツ、スペイン語を勉強するための本二冊、小銭入れも持って行った）。しかし微生物は肉眼ではっきり見える化石記録を残さないので、ダーウィンは目に見える化石より下の岩石が、地球の歴史で生命の起源より前の時期のものではない——単に動物と植物より以前の時期のものである——ことは知りえなかった。ダーウィンが化石の微生物を観察していたとしても、ほぼ確実に、それと植物や動物との関係がどんなものかは理解できなかっただろう。ダーウィンも、一九世紀の他の実質的にすべての科学者も、植物と動物が、一九世紀には想像もできないほど長い時間——三億年よりもさらに長い——を経た微生物の子孫だと知れば心底驚いただろう。確かに微生物は聖書には出てこない。ペストのような病気に触れるときに間接的に言われているかもしれないが、ノアによって方舟に意図して乗せてもらえたわけではない、あるいは大洪水の物語を描いたトルコ絨毯に織り込まれていないことは確かだ。

『種の起源』が出版されてからの一五〇年で大きな進歩があったが、科学者はまだ、生命は小さな温かい池でできたのか、深海の熱水噴出口でできたのか、はたまたそれ以外のどこかなのかを理解しようともがいている。それはどのように始まっただろうか。そこからどのように進んだのか。微生物が植物や動物の進化にどうつながったのか。そうした生物が私たちの生命の起源と進化の探査の中で、これほど長い間見つからなかったのはどういう事情だったのか。

そうした問いに対する答えは複雑で、多くの面はまだ理解しきるまでは遠いが、二〇世紀の間に発達した道具のおかげで、多くのことはわかっている。一九世紀初めに黒海での海洋学研究航海が行なわれていて、ダーウィンがそれに参加していたら、上層の一〇〇メートルほどの深さより下には動物がいないことを観察して、深海には生物がいないという結論を出したかもしれない。しかしダーウィンが微生物学者だったら、私たちの種の起源についての理解はずいぶん違ったものになっていただろう。微生物は一九世紀にはよく知られていたが、それが地球での生命の進化の理解に含められるまでにはさらに一世紀がかかった。微生物が見つからなかったのは、私たちの観察にバイアスがかかっていたからだ。微生物はこの地球に、動物が登場するよりも二〇億年以上も前からいた。

ここでまだ見ぬ微生物と出会い、それがこの地球が機能するうえで体に似合わない活躍をした様子を見てみよう。微生物がいなかったら、私たちもここにはいないだろう。

第2章　微生物登場

微生物は地球上で最古の自己複製する生物なのに、見つかったのは最後で、ほとんどの間知られていなかったというのは、たぶん、生物学の中でも大きな皮肉の一つだろう。微生物発見の歴史は、科学史の多くの話と同じく、新しい技術の発明に基づいている。この場合は顕微鏡とＤＮＡ配列決定装置（シーケンサー）である。この種の生物に目が向かなかったのは、主として私たちの観測にかかるバイアスによる――目に見えないものは無視してしまうものだ。この傾向によって、何兆キロも離れていても目に見える天体を観測する天文学という分野は、地球上の微生物の役割を認識できるようになるずっと前から、大いに進歩することができた。微生物発見の歴史を、私たちの認識にかかるバイアスという面から手短に検証してみよう。

一四世紀のヨーロッパでは、視力矯正のために、原始的なレンズ（この名は両側が凸の形をした「レンズ豆」に由来する）が製造されていた。同時に、画家は簡単なカメラオブスクラ技法を使って、カンヴァスに画像を投影する方法を開発するようになっていた。カメラオブスクラにはレンズは要らない。これは箱、あるいは小さな部屋で、壁に光を通す孔（あな）が開いており、その反対側に、外の景色が倒立して投射される。箱の内側では光線をたどることができる。初期の道具職人は、光線をたどり、内側でガラスのレンズを使って実験することによって、レンズをどう設計すればいいかを理解するようになった。

一六世紀末頃のオランダでは、ヴェネチア製のイタリアガラスの加工が始まった。当時、ヴェネチアガラスは手に入る中で最も透明で、最も品質が高かったので、値段もいちばん高かった。一七世紀の初め、オランダのレンズ職人が、筒の中で凸レンズと凹レンズを組み合わせることによって望遠鏡を作った。この道具は原始的な小型望遠鏡といったところで、倍率も七倍か八倍程度だったが、当時の技術からすれば、とてつもない躍進だった。今日に至るまで、レンズの設計に用いる基本的な公式は、当時の新分野である光学を開拓した人々による光線追跡（レイトレーシング）から生まれたものと同じである。

一六〇九年、ガリレオ・ガリレイは、オランダのレンズ職人による設計によってイタリアで作られた望遠鏡を使い、地球ではなく木星を回る衛星を観測した。ガリレオが用いた道具はわずか二〇倍ほどだったが、惑星、星、月という、すでに肉眼でも見えていたものを拡大するには十分だった。当時優勢だった、宇宙にある他の部分よりも地球を重視し、太陽とすべての惑星は地球を回り、逆ではないとする、プトレマイオスによる地球中心の理解〔天動説〕は、この観察によって脅かされた。しかしガリレオが明らかにしたことは、星を見るというだけのことではない。人が知らなかった場所、人間が小さく見えてしまうところがあることを示したのだ。地球は太陽系の中のほんの一つになった。ガリレオは、木星を回る衛星の発見がどれほど核心に迫るものかを明瞭に知っていた。惑星、人間、私たちと宇宙との特別な関係（したがって神の目の中での人間の特殊な位置）についての考え方を、ガリレオは変えた。

ガリレオと望遠鏡の話は知られているが、ガリレオが顕微鏡の開発もしていたことは、それほど知られていない。何年か前から、望遠鏡の二つのレンズを逆転するだけで、近くの物体を拡大できることが知られていた。双眼鏡があれば、家でも実験できる。双眼鏡を反対側から覗き、指先のような対象をレンズに近いところに固定すればよい（野外調査では、双眼鏡は二通りに使える）。

ガリレオの顕微鏡は一六一九年頃に作られたが、単純に望遠鏡の発明から偶然に発展したものだった。望遠鏡の光学的な造りを逆転して新しい筐体(きょうたい)に収めたものである。顕微鏡は望遠鏡よりも小さく、二つのレンズを革製か木製の筒に固定する。もっとも、ガリレオはこの逆転望遠鏡で見たものにはあまり関心を抱かなかったらしい。自分で観察した中で最小の物体を理解しようとしたり、解釈しようとしたりはしなかったようだ。実際、ガリレオにとってはどうでもよかったことで、「顕微鏡(ミクロスコピオ)」という名を与えられたのは一六二五年になってからだった。たぶん皮肉なことに、ノミが媒介する微生物による伝染病のペストが大流行したとき、ガリレオは自分が顕微鏡で見たノミの絵を描いたが、その絵はあまり広まらず、この器具はイタリアでは立ち消えになり、ほとんど使われなかった。

望遠鏡と顕微鏡の違いは単にレンズの配置ではなく、見えるものについての人間の認識と見通しにもある。認識が足りないのは、一部には傲慢によるのかもしれないが、私が思うに、大部分は、限られた感覚で感知できないのがあたりまえのところでは、私たちは自然のパターンを見ようとしないことによるのだろう。私たちは肉眼でも遠くにあるものを見ることができる。彗星(すいせい)、隕石(いんせき)、惑星の衛星、恒星、さらには爆発する恒星まで、望遠鏡がなくても見えるし、したがって、望遠鏡のような道具で近寄って調べるときも、こうした遠くの対象はとくに不可解なものではなく、それはそれである。しかし髪の毛の幅（一ミリの一〇分の一程度）よりもずっと小さいものは、拡大する装置の補助がないと目に見えない。

微視的な構造は、私たちの眼では実質的に見えない。月なら肉眼で見えるが、自分の細胞は見えない。星は見えるが分子は見えない。遠くの銀河は見えるが原子は見えない。微生物の世界があることを理解さえできないとしたら、どうしてそれを探そうとするだろう。

微生物の領域の発見は、科学の多くの発見と同様、ガリレオによる木星の衛星の観測なみに世界を根本から変える事件だった。それには器具だけでなく、精神の焦点を合わせる必要がある。躍進は一六六五年、イギリスの王立協会が最初のポピュラーサイエンスの本、『ミクログラフィア』を刊行した（「あるいは拡大鏡によって行なわれた微小な物体の生理学的記述。観察結果とそれに基づく調査とともに」という副題がついている）。著者はロバート・フックという、当時三〇歳の、猫背でつむじまがりの、神経質で偏執的な人物で、優れた自然科学者でもあり、博学でもあり、王立協会初代会員の一人でもあった。

『ミクログラフィア』は多くの人々の想像力を捉えた。そこには、著者による精巧な図解に基づいた五七点の美しい版画とともに、自身の顕微についての明瞭な記述だけでなく、ノミの体の造り（イタリア同様、イングランドにも豊富にいたらしい）、タイムの種子、アリの眼、海綿（スポンジ）の内部の造り、カビ、植物の小さな構成単位などの構造も記述されていた。フックはその構成単位を、「剃刀（かみそり）なみに鋭く研いだ」折りたたみナイフでコルクの小さな薄片を切り取って観察した。薄片の中に、修道院の僧が暮らす小部屋のように見える小さな構造を描いた。フックはその微小な構造物を小部屋（セル）（＝細胞）と呼んだ。

他の植物を調べ、フックはこのセルがどれにもあることを理解し、ウイキョウ、「キャレット」（キャロット＝人参）、ゴボウなど、いくつかの種（しゅ）について記述した。結局、『ミクログラフィア』は科学で初のベストセラーになった。サミュエル・ピープスは、初版が発売になってまもなく一冊買い求め、日記にこう書いた。「就寝前、自室で二時までフック氏の『顕微鏡による観察』を読む。これまで読んだ中で最も巧みな本」。『ミクログラフィア』第二版は、初版が売り切れてから二年後に王立協会によって印刷された。この本はその後何度も版を重ね、今も売っている。

フックの観察は、二枚のレンズを使った、比較的単純な複式顕微鏡に基づいていた。当時の器具を作る職人は、ガリレオが使ったのとよく似た二枚レンズの望遠鏡や顕微鏡はよく知っていた。この道具がうまく機能することは、レイトレーシングで明らかだったからだ。しかし二枚レンズの顕微鏡には、予

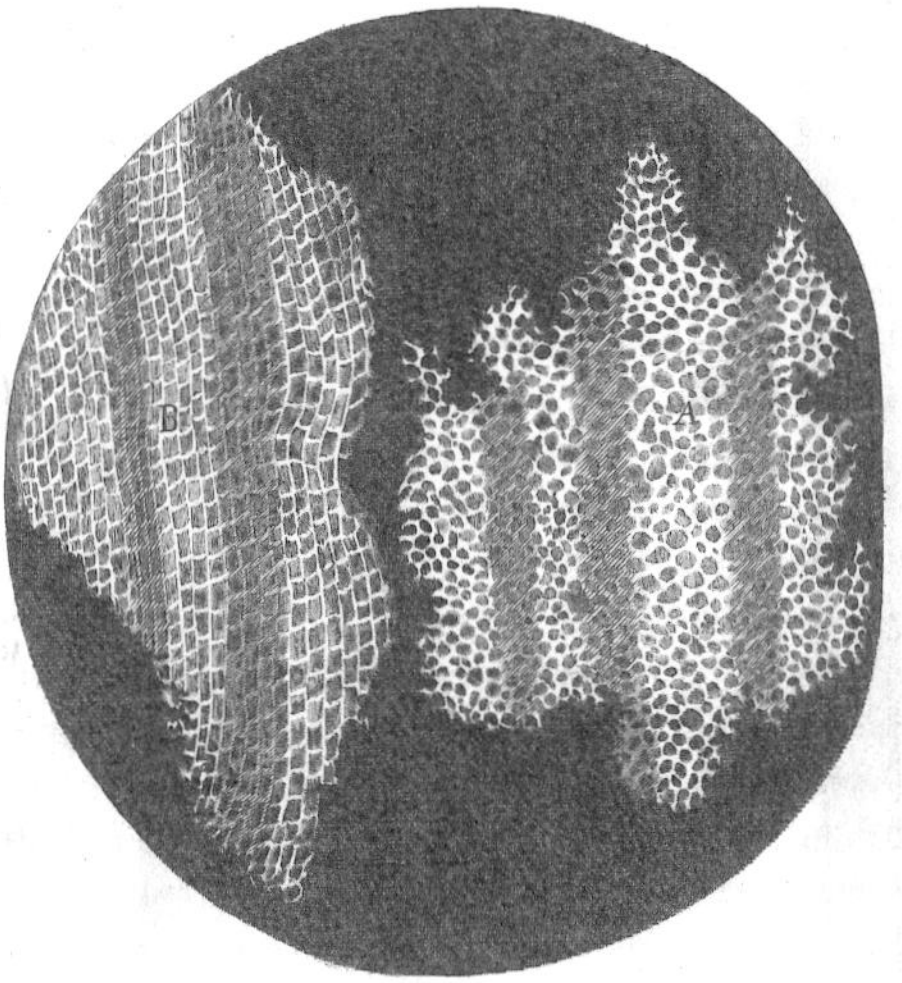

図3　ロバート・フックによる、コルクの薄片の図。フックは、木のかけらで囲まれた孔で構成される構造を「細胞」と呼んだ。この画像はフックの著書『ミクログラフィア』から複製した。著書の初版は1665年9月だった。(© the Royal Society)

想外の大問題が望遠鏡以上にあった。このような単純な複式顕微鏡では、対物レンズが何色ものにじみを生み出し、それが接眼レンズで拡大される。その結果、拡大率を上げるほど、像は歪んでくる。

フックが使った顕微鏡は、クリストファー・コックという、ロンドンの腕のある器具製造職人の製作によるものだった。それは見事な出来の、細かい装飾が施された器具で、ひと財産ほどの値段だったが、光学系は貧弱で、レンズ職人が当時避けられなかった、大きな光学的異常に陥っていた。職人がいかに見事に装飾しようと、どんなに高性能の器具でも、対象の拡大率は二〇倍ほどしかなく、それではほとんど価値がなくなっていた。そんな低い拡大率でも、画像はぼやけ、見えている対象の構造を再現するには、時にはいささかの想像力が必要になった。それでも、フックの熟達の図解は、当時はとほうもないもので、『ミクログラフィア』の刊行は、もっと良いレンズの製造に対する関心に火をつけた。

ガリレオのいろいろな発見から相当たち、亡くなってからも三〇年近くたった一六七一年、アントニ・ファン・レーウェンフックという、オランダのデルフト在住の織物商が、新しいが飾り気はまったくなく、小さくて単純でも、皮肉なことに光学的な性能には優れた顕微鏡を開発した。こちらでは、もっと複雑で高価な器具よりも歪みもなく高い倍率が得られた。レーウェンフックは二枚のレンズを使わず、加熱したガラス棒を引き延ばして糸のようにし、それからその糸の先端を再加熱して小さなガラスの球にした。レーウェンフックが用いたガラス球は直径が一・五から三ミリだった。レンズの造りには両立しないところがあって、レンズが小さいほど倍率は高くなるが、視野は狭くなる。レーウェンフックは最高のヴェネチアガラスを使い、レンズを何とかして磨かなければならなかった。レーウェンフックが使った手法の正確なところは、本人は終生明かさなかった秘密だった。

レーウェンフックは生涯に約五〇〇台の顕微鏡を造り、いつでも手許には、自分が調べていたものの目的に合った種類のものがあった。器具そのものは比較的単純だった。二枚の銀の板の間の孔に、一個の球形レンズが載せられる。試料は板の裏側に置かれ、ねじを使って焦点が合わされた。観察するときは器具を立てて目の前に持ち、太陽やロウソクの光で対象を照らせるようにする。最善の器具は、約三〇〇倍に拡大できた。この拡大率は、私が九歳のときに父が買ってくれた顕微鏡とだいたい同じである。そのような装置によって、血球を見たり、動物の精子、単細胞生物が見たりできるようになる。レー

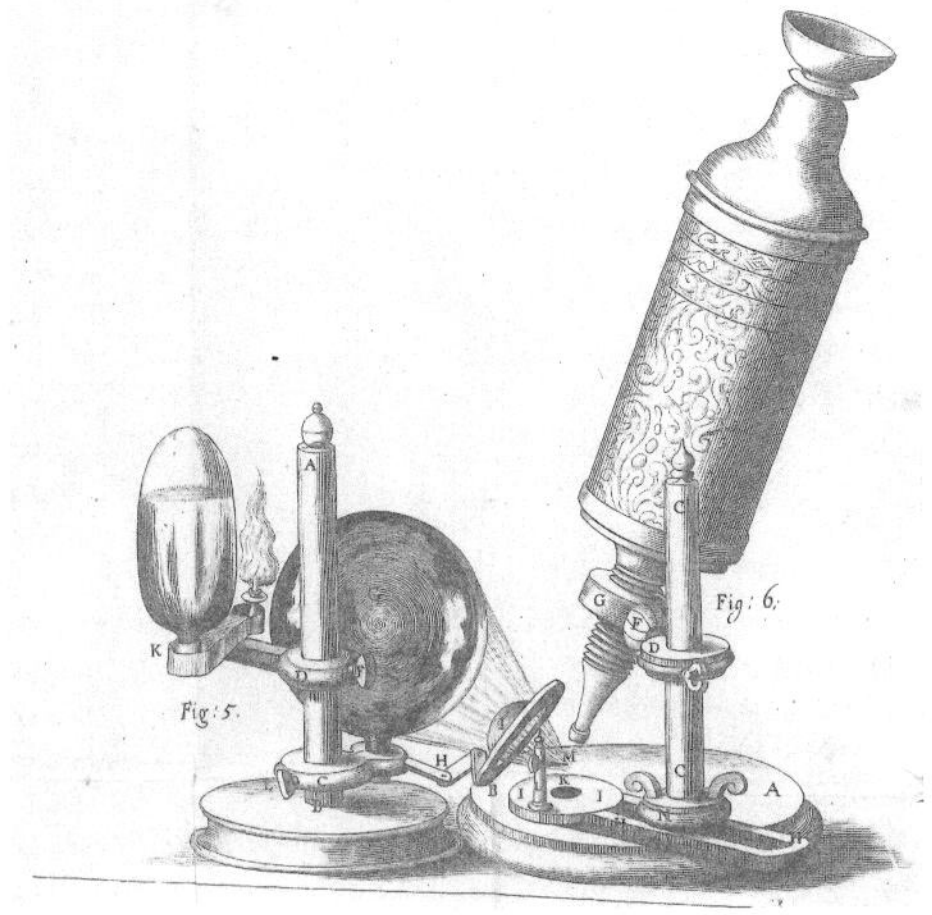

図4　ロバート・フックの顕微鏡の図解。フック自身によるもので、『ミクログラフィア』で発表された。装飾を施された筒の中のしかるべき位置に2枚のレンズが収まっているこの顕微鏡は、20倍ほどの拡大率だった。日光あるいは油ランプからの光が、水の入った丸い瓶によって集められ、標本に当てられた。（© the Royal Society）

ウェンフックが観察した「微小動物（アニマルキュール）」もあった。実は、後に微生物と呼ばれるようになるのはこれだ。

一六七四年一〇月、レーウェンフックは病気になり、こんなことを書いている（原文はオランダ語）。「この冬、ひどい病になって、ほとんど味を感じなくなったとき、自分の舌の様子を調べてみた。鏡で見るととてもけばだっていて、味覚が失われたのは、舌の皮膚が厚くなったことによるものと判断した」。そこでレーウェンフックは牛の舌を顕微鏡で調べ、「非常に細かい尖った突起物」があって、「非常に小さい粒子」があるのを見た。ここで記述されているのは味蕾（みらい）だった。レーウェンフックはその後、私たちは味をどのようにして感じるかについて知りたくなり、黒胡椒（こしょう）など、いろんな香辛料を煎じた液を作った。

一六七六年、レーウェンフックは書斎の戸棚に三週間にわたって置いてあった胡椒水の入った瓶が曇っているのを見つけた。濁った水を顕微鏡で調べ、小さな生物が泳ぎ回っているのを見て驚いた。その生物は直径が一マイクロメートルから二マイクロメートル――髪の毛の幅の一〇〇分の一程度――しかなかった。細胞をスケッチして、「一滴の水の中におびただしい数の生物を見た。少なくとも八〇〇〇から一万はあり、顕微鏡で見た私の目には、裸眼で見たときの砂のようにありふれたもののように見えた」と書いている。

アニマルキュールの発見からして予想されていなかった。木星の衛星を見るようなものだったが、衛星が公転する惑星に当たるものはなかった。それは見えない生物が数知れずいて、それがこの地球上に存在することのしるしだった。レーウェンフックには、その生物が実際に何なのか、まったくわからなかった。レーウェンフックの想像では、極微でも文字どおりの動物で、人が肉眼で見る大きな動物と同じように、胃や心臓などの器官があると思われた。

　本当に特筆すべきは、レーウェンフックが作った単式レンズの装置によってこれほど小さな生物が見えるようになったことだが、当時の最高のレンズでも、こうした生物の内部構造は識別できなかった。しかしレーウェンフックはもっと核心に迫ることをしていた。胡椒水の中に生物がいることを発見した後、自分の口からかき取ったものを調べた。自分の歯や歯茎にアニマルキュールが存在しているのを初めて見て、レーウェンフックは驚いた。この点でレーウェンフックは傑出した自然科学者だった。初

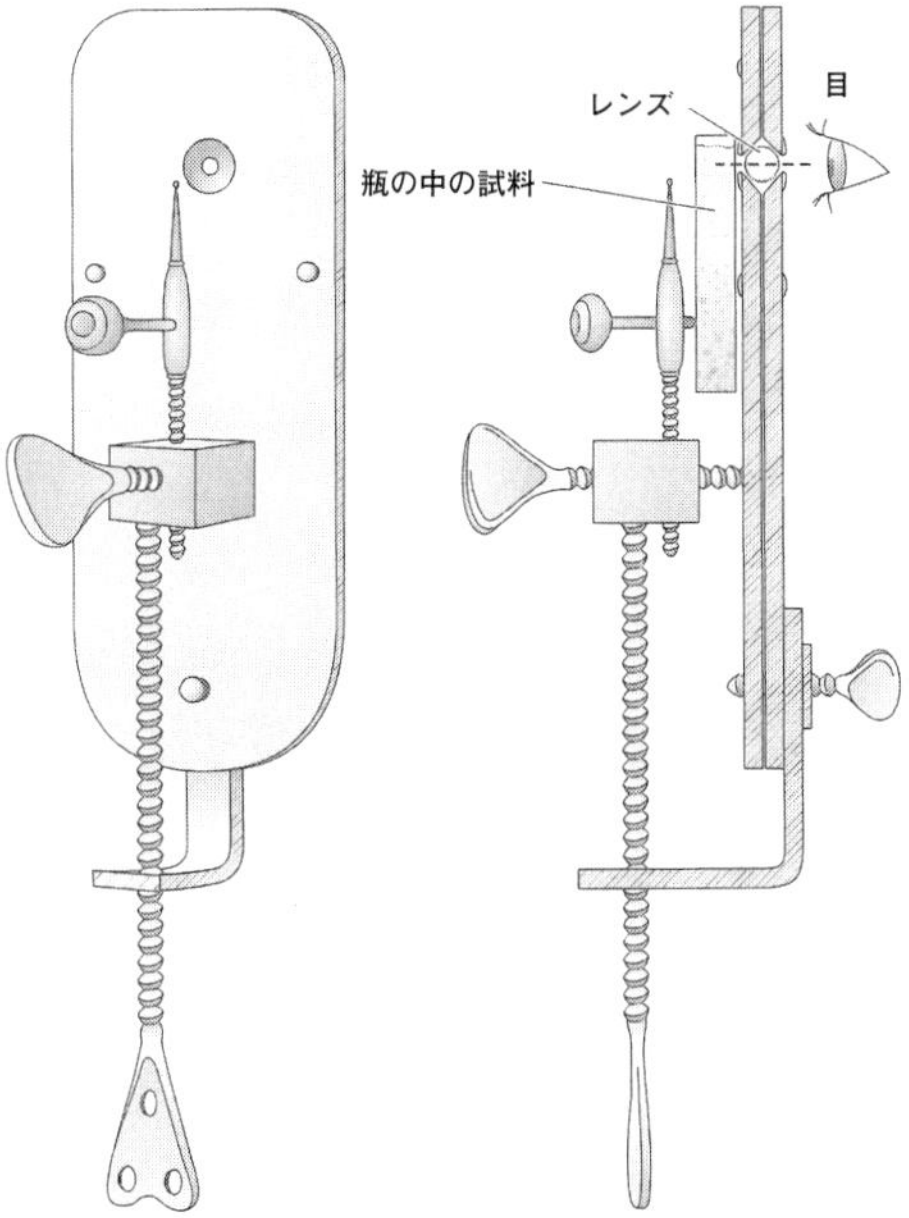

図5　アントニ・ファン・レーウェンフックが考案し、用いた顕微鏡の図解。1個の球形レンズが2枚のプレートの間に置かれる。試料は小さなねじでレンズの近くに固定され、観察者は顕微鏡をまっすぐ立てて、眼をレンズに近づける。単純ではあるが、この型の顕微鏡は、レンズの品質と大きさに応じて400倍まで拡大できた。

めて人の体がそれだけで存在するのではないことを明らかにしたのだ。私たちはアニマルキュールの保菌者（キャリア）なのだ。実際、後で見るように、人間のような動物は、厖大な数の微小動物を抱えており、排泄（はいせつ）物や分泌物を通じて地球上に広がるのを助けている。レーウェンフックは、朝、熱いコーヒーを飲むと、口中のアニマルキュールが死ぬことにも気づいた。熱が微生物を殺すことの最初の観察例だった。さらに、自分の唾液など、水気のある環境で見つかった微生物のいろいろな形と相対的な大きさを記述を重ねた。その簡単なスケッチは、後に微生物分類学の基礎となる。

レーウェンフックがイギリスの王立協会へ一七頁半の手紙を送り、アニマルキュールの発見について述べ、同会が刊行している学術誌『フィロソフィカル・トランザクション』に掲載するよう求めたときは、懐疑の目で迎えられ、フックでさえ、それは見間違いだと考えたほどだった。フックは王立協会が選んだイギリス人の聖職者や何人かの名のあるオブザーバーをデルフトに派遣して、報告を確かめさせた。このオブザーバーはフックやその同僚がロンドンで驚いたのと同じように驚嘆した。一六七七年、レーウェンフックの今や確認された観察結果は、王立協会によって出版された（英語。フックはオランダ語を勉強したことがあり、そのためレーウェンフックの論文を読むことができたので、フックが手伝ってオランダ語から英訳された）。レーウェンフックは一六八〇年、協会の外国人会員に選出されたが、本人がロンドンを訪れることはなかった。

レーウェンフックは創造性ある天才だった。公式の高等教育は受けておらず、大学との関係もなかった。当時正式の教育を受けた人々の言語だったラテン語もギリシア語も知らず、文章はオランダ語で書くのみだった。娯楽として顕微鏡を組み立て、その多くを人に譲り、売ることはなかった。二六台を王

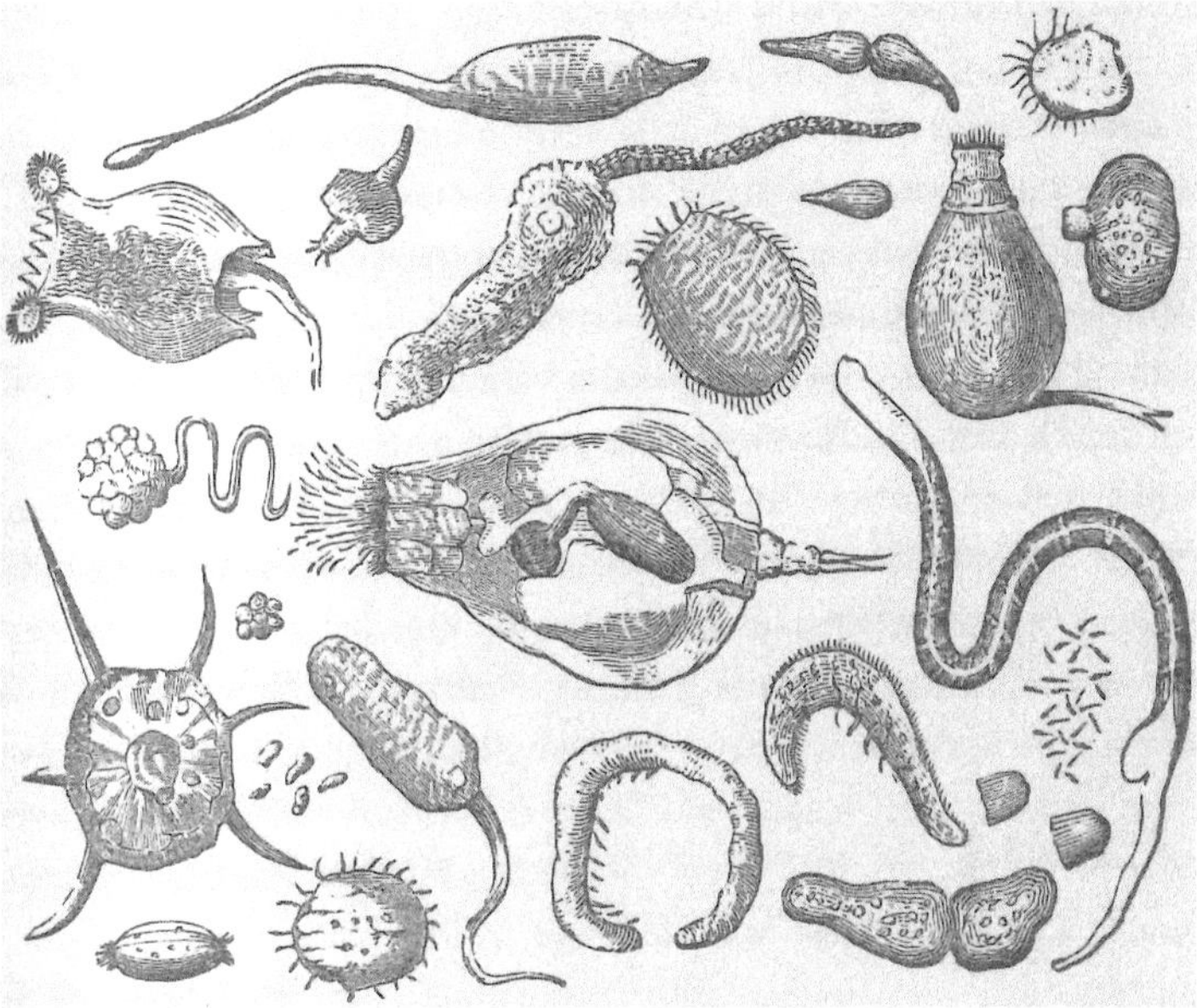

図6　アニマルキュールの図——アントニ・ファン・レーウェンフックによって発見された微生物。17世紀から18世紀にかけては、微生物は顕微鏡で見えるほどの小さな動物で、頭も胃もあって、子孫は同じ種の雌雄による有性生殖で生まれると考えられていた。

立協会に遺贈し、そのすべてはその後、錚々（そうそう）たる科学者の面々によって「借り」られ、現物はすべて、その後行方不明になっている。レーウェンフックの所蔵品の残りは、筐体の銀などの金属の重さで値段がつけられ、売られた。九〇歳の生涯で、子どもは五人いたが、成人したのはマリア一人だけで、レーウェンフックの科学的遺産は、本人が一七二三年に亡くなったとき、同時にほとんどが失われた。

レーウェンフックは微生物学の父と見られることが多いが、レーウェンフックを有名にする共同作業をしたのはフックだった。一世紀半後のライエルとダーウィンの関係のように、フックとレーウェンフックは共生関係にあった。ともに傑出した人物で、来るべき見えない世界の発見にとって、決め手となる触媒だった。個人の水準では、どちらも亡くなるまで、互いに対してきわめて鷹揚（おうよう）だった。

微生物の記述やおびただしさは、生命の自然発生説を支持するように見えた（少なくとも胡椒を煎じた液では）。生物の元は死骸や非生物で、明らかな親子関係なしにできるという考えだ。たとえば、ウジ虫は死んだ肉にでき、ハチが埋もれた鹿の角から出てくることはあたりまえに認められていた。自然発生は、当時のほとんどの人々によって広く信じられていた。レーウェンフックはその考え方を基本的に否定していたが、反証することはできなかった。生物学的機能での微生物の役割はほとんど無視されていて、こうした生物がさらに本格的な注目を浴びるようになるのは、二〇〇年近くたってからのことだった。驚くことに、一七世紀の科学での基礎的な発見——重力、光の波、惑星が太陽を公転すること、数学による科学のとてつもない抽象化——は、物理学と化学における発見の巨大な爆発を刺激したが、生物学の基本的な発見はおおむね遅れ、人間の健康との関連がついて初めて重要になった。

フックもレーウェンフックも学生を取らず、『ミクログラフィア』は一六六五年とその後何年かは大いに売れたが、レーウェンフックは本は書かず、その論文は広くは読まれなかった。レーウェンフックも生物学上の後継者がなく、ガリレオとは違い、どちらも学問上の直接の後継者がいなかった。胡椒水への関心は消えた。微生物の世界は一八世紀には見えない世界に送られた――自然哲学者が植物や動物の進化や絶滅した生物の化石が入っている地質学的構造の並び方をめぐる問題に目を向けていた頃だ。アマチュア科学者になるのには、高価で扱いが難しい顕微鏡は必要なかった。岩を割るためのハンマーがあればよかった。

微生物研究の復興が始まったのは、一九世紀の半ばになってからだった。それは忘れられたヒーロー、フェルディナント・ユリウス・コーンによって唱えられた。コーンはユダヤ人の神童で、一八二八年、プロイセンのブレスラウ（現ポーランドのヴロツワフ）に生まれた。コーンは二歳になる前から文字が読めて、七歳で高校の課程に入り、ブレスラウ大学には一四歳で入学したと伝えられる。学位に必要な要件はすべて満たしていたものの、当時、プロイセンでは反ユダヤ主義が激しかったため、ブレスラウ大学からは取得できなかった。ベルリン大学で学業を修め、一九歳で植物学の博士号を得て、一八四九年にブレスラウ大学に戻った。同じ年、父が当時手に入る中で最も高価で最高の器具を買ってくれた――ジモン・プレスルが設計した顕微鏡である。私がその頃いたら、その顕微鏡は実にうらやましかっただろう。プレスルはオーストリアの光学装置製造職人で、複数のレンズを用いる顕微鏡と望遠鏡につきまとう光学的異常のほとんどを修正する方法を見つけた人物だった。そのレンズの設計は今日に至るまで用いられている。

コーンの微生物への関心は、父のプレゼントを使って自分で観察したことによって刺激された。ベルリン大学では、二人の著名な教授、ヨハネス・ミュラーとクリスチャン・エーレンベルクによって、単細胞藻類の研究をする気になった。エーレンベルクは当時ドイツでも有数の高名な科学者で、ダーウィンがビーグル号での航海のときにアゾレス諸島〔ポルトガルの沖、一二〇〇キロ〕で採集していた塵の粒子に、珪藻（けいそう）という単細胞の藻類があることを確認した。微生物が大気中を風で長い距離にわたり移動できることの最初の発見だった。エーレンベルクは、白亜（チョーク）と呼ばれる岩石が極微の生物の化石でできていることも示した――その観察が後に岩石中に化石微生物を探すお手本となった。

コーンの関心が大きくなり、また光学顕微鏡が改良されるにつれて、コーンはますます藻類や細菌――あるいは少なくとも自分で細菌だと思ったもの――に関心を抱くようになった。当時の生物学の伝統的な教育を受けたコーンは、細菌を他の生物との関連で分類しにかかった。生物を他の生物との関係で分類するのは、生物学者にとっては堅実であたりまえの仕事で、今でもそうだ。自分では生命の起源や微生物の進化について書くことはなかったが、細菌を、藻類やもっと高度な植物の特徴である緑の色素、つまり葉緑素を持たない単細胞生物と定めた。コーンは、たいていの細菌は光合成をしないことはよくわかっていたが、それを藻類と並べて植物に分類した。微生物の分類については、当時の伝統に立って、主として形状で整理しようとしていた。レーウェンフックが一世紀以上前に工夫していた単純な方式であり、一般的な指針としては今でもそれなりに使える方式である（二〇世紀になってから、分子配列決定技術によって王位を奪われているとはいえ）。

たぶんコーンの最も重要な貢献は、微生物学という分野を再発見したことだろう。レーウェンフックと同じく、微生物は身のまわりに、つまり水中にも土中にも空気中にも、私たちの口にも腸にも、手に

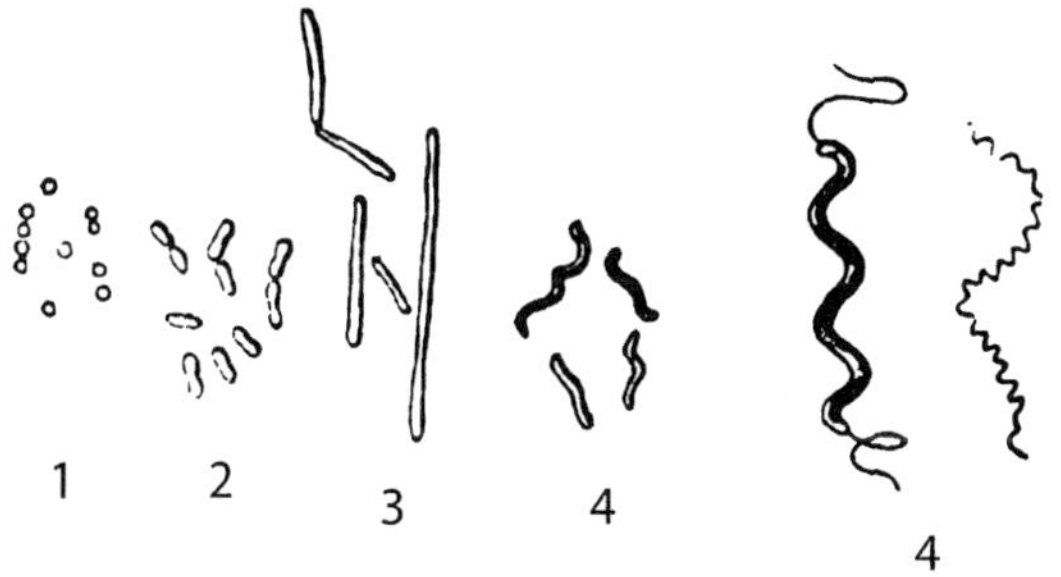

図7　フェルディナント・コーンが、1875年刊の *Über Bakterien: Die Keinsten Lebenden Wesen*〔バクテリア、最も小さい生物について〕で記述した微生物の形。コーンはこうした生物を藻類の親戚で植物と規定し、それに対して、形を元に四つの科を割り振った。1. *Spherobacteria*（球形のバクテリア）、2. *Microbacteria*（短い棒状のもの）、3. *Desmobacteria*（まっすぐの糸）、4. *Spirobacteria*（渦巻の糸）。この基本的で単純な記述的分類方式は使いやすく、現代にも残っている。

も衣服にも食物にもいることを明らかにした。しかし当時の人々の大半と違い、コーンは人間の病気を引き起こすうえでの微生物の役割ばかり見ていたのではなかった。植物や動物の微生物による病気について研究をしていて、パスツールほど有名ではなかったものの、コーンの視野はもっと広かった。微生物を、地球の化学――地球の新陳代謝――を形成する助けとなる生物と見ていたのだ。私はこの世界に入りたての頃、コーンに感化されていた。環境微生物学の目をみはるような先駆者だった。

　コーンの微生物学に対する貢献の一つは、微生物の特定の株、つまり種の遺伝的変異株を分離したことだった。液体の培地に特定の栄養素を加えて、微生物のいずれかの株をうまく急速に成長させる手法を考えた。レーウェンフックが微生物について記述してから二〇〇年後の一八七六年、ドイツの在郷の医師、ローベルト・コッホが、コーンを尋ねて炭疽（たんそ）病の原因について助言を求めた。コッホは土中から、休止期にある炭疽菌かもしれないものを分離し、それを培養するための新たな手法を考えていた。その方式は単純で、巧妙で、独特だった。それは、一個の細胞に由来する微生物のコロニーを、それが成長できるゼリー状のものの表面で分離することに基づいていた。この基本的な考え方から、海藻から作るゼリー（寒天）に養分を添加して染みこませたものを培地として使う方法が生まれた。混合物は熱いどろどろの液にして、小さく平らなガラス皿に広げられる。皿にはぴったり合わさる蓋がある。これは助手のユリウス・ペトリが考えていた道具だった。栄養分の入った培地が室温になると、それはゼリー状になり、その上に菌を楊枝で広げる。すると微生物はコロニーをなし、それをゼリーから取り出して、あらためて育てることができる。この手順を繰り返すと、微生物の一つの株だけが分離される。微生物を育てるために寒天とガラス皿を使うことで、炭疽菌の純粋培養が可能になった。コッホが自身の培地で感染しなかったのは驚くしかない。今日、アマチュア科学者が炭疽菌を自宅やガレージに作った実験室で培養したりすれば、誰もが恐怖するだろう。

この純粋培養の手法に基づいて、コッホはペトリとともに、一群の原則を述べた。それは今日に至るまで、感染症の病原体を特定するための基礎となっている。その原則は次のとおり。（1）当該の病気の生物の例すべてに当該の微生物が見つかり、健康な生物にはないこと。（2）当該の微生物を純粋培地に分離して維持できること。（3）健康な生物に純粋培養された微生物を感染させて、同じ病気を発病させられること。（4）感染した生物に当該の微生物が特定され、それが分離されること。この四条件を適用して、コッホは実験によって炭疽菌が牛の病気に関与していることを証明した。これは微生物によって引き起こされることが文句なしに証明された最初の病気となった。

コーンはコッホの論理と巧妙な方法にこの上なく感心した。一八八六年にはコッホの論文を植物学の学術誌で発表し、コーンの励ましによって、コッホはさらにコレラと結核も微生物による病気であることを示した。コッホは一九〇五年にノーベル賞を受賞し、コッホが立てた条件は何十年もの間、定説となった。微生物が分離できて培地で育てられるという考えは、二〇世紀の七〇年代まで、微生物学界に浸透した。それは論理的な考え方で、病気の原因に微生物が入ることに強く影響したが、教条的な原則からは、微生物についての生態学や進化論の研究が遅れるという、意図せざる帰結も生じた。

微生物学者は何十年かかけて、辛抱強く微生物の各種を分離した。分離した個々の生物体を調べるのは、個々の種が生きる様子の基本的特色を理解する助けになってきたことに疑いはない。しかしこの手法は、微生物群落（コミュニティ）がどう動くかについての理解には、偏りももたらす。それは私の水槽にいるアフリカのカワスズメの行動から、それが実際に暮らしている湖での行動を推測するようなものだ。水槽は自然環境とは違う。ペトリ皿や試験管に入った液体培地も自然とは違う。そこにある養分の濃度は、海や湖の何千倍、何万倍もある。二〇世紀の後半になってやっと、科学者が本当は微生物をどう培養すればいいか知らなかったということが明らかになった。そのとき科学者は初めて、微生物は複雑な集団で暮らしている社会的生物であることを知った。微生物の社会的組織については少し後で述べる。

レーウェンフックが微生物の存在そのものを報告してから三〇〇年後の一九七七年、カール・ウーズと共同研究者のジョージ・フォックスという、ともにイリノイ大学の生化学者で遺伝学者の二人が、世界中のすべての生物は、その細胞小器官の一つであるリボソームを元にすると、主として三つに分かれることを報告した。すべての微生物にはリボソームがあることはよく知られていたが、一部の生物は膜に覆われた細胞の内部に構造物がないものもあれば、それがある場合もある。『アメリカ国立科学アカデミー紀要』に掲載された二人の論文の要旨は、英語では一文だった。「リボソームRNA配列特性に基づく系統発生的分析から、生物は次の三つの原始系統のいずれか、すなわち、(ⅰ)ふつうの細菌すべてから成る真正細菌類、(ⅱ)メタン細菌を含む古細菌類、(ⅲ)真核細胞の細胞質には現れない原始真核生物の一つに対応する」。

さらに重要なのは、生物どうしの明らかな関係だった。動物と植物は生命の樹の小さな枝であるばかりでなく、動物は菌類と近い関係にある。キノコが高度な植物よりも蚊やゾウや人間の方に近い先祖だとは、直観的に明らかなことではない。とくに言えば、ウーズらが明らかにしたことは、すべての生物がタンパク質合成機構の歴史に基づいて生命の樹に並べられることだった。

私たちは誰でも、何らかのタンパク質を知っている——卵白の材料であり、皮膚、毛髪、爪、筋肉などもそうだ。酵素もある——食べたものをエネルギーや体を構成するものに変える分子である。タンパク質がなかったら、細胞は何もできない。何もできなかったら、複製もできないことになる。

タンパク質形成での鍵となる細胞の構成要素がリボソームだ。リボソームは複雑なナノマシンで、タンパク質と「リボ核酸」つまりRNAでできている。ウーズとフォックスはリボソームのRNA分子の配列を求め、二人が選んだ細菌五種、メタンガスを生み出す微生物四種、酵母、小型の植物(ウキクサ)、マウスという、合計一二種類の生物の細胞で、その配列には微妙でも一貫した違いがあることを発見した。細菌にあるリボソームでのRNAの配列は、酵母や植物やマウスのものよりも細菌どうしの方がよく似ていて、またメタンを代謝する微生物とも明瞭に異なることがわかった。この研究が明らかにした

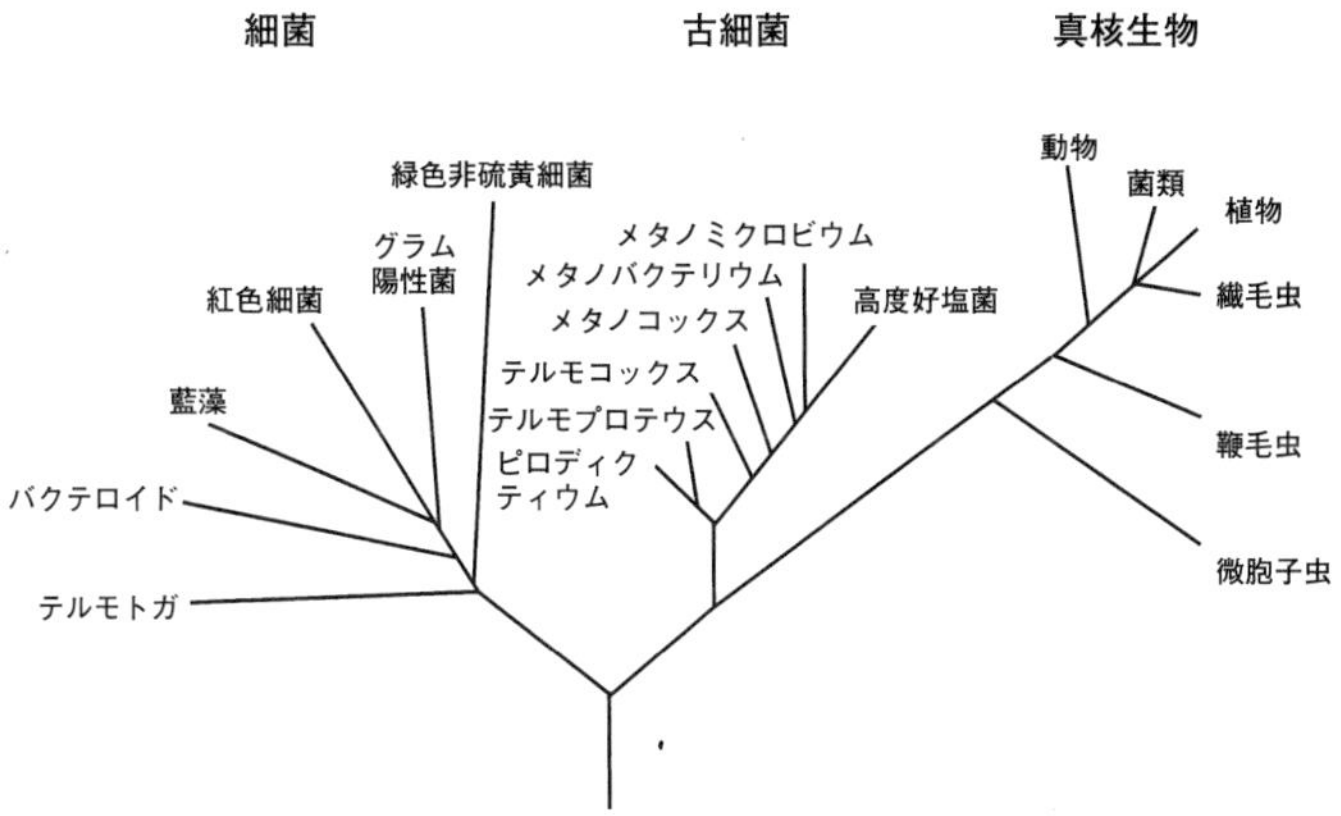

図８　カール・ウーズとジョージ・フォックスによる、リボソーム RNA 配列に基づいて生物どうしの関係をつけた生命の樹。ウーズとフォックスは、すべての細菌は実は明瞭に異なる生物からなる二つの分類、細菌類と古細菌類に分かれることを発見した。さらに、動物と植物は、真核生物という大きな区分に収まる下位分類だという。この生命の樹の大部分の生物は微生物。

のは、生命には三つの上界（スーパーキングダム）があるが、すべての生物はリボソームのＲＮＡ配列を介して互いに関係がつけられるということだった。

すべての生物にはリボソームがあるので、ウーズらは地球上のすべての生物は、一個の、今は絶滅した共通祖先の子孫であると想定した。そうでないと考えるには、理屈に合わない突拍子もない仮定に訴えなければならなくなる。つまり、リボソームが別個に何万回も現れて、今日のような幅のある生命の形態を生み出したということだ。結局ウーズは、ダーウィンによる、地球のすべての生命は、太古の昔に現れた共通祖先につながっているという説を確かめたのだった。現存のリボソームの情報があれば、潜在的には、すべての生物どうしの関係を再構成できるようになる。リボソームになったナノマシンの基本的な進化はよくわからない——しかし細菌から人間までには一つの共通祖先があったとしか考えられない。その先祖は微生物だったと考えざるをえない。ダーウィン、フック、レーウェンフックは、すべての生物の関係を、タンパク質生産に関与する核となる装置の構造から再構成できることを知れば驚いたことだろう。

一九九〇年、カール・ウーズらが何年かかけて調べたリボソームの中の核酸の配列に基づいて、ウーズはすべての生命の系統樹を構築した。樹はダーウィンが考えたものとは根本的に違っていた。地球上の生命は、植物と動物をはるかに超え、さらにレーウェンフックやフック、さらにはダーウィンが何とか想像できたものをはるかにはるかに超えている。地球の生命の圧倒的多数は微生物なのだ。実際、細菌の種は、動物と植物をすべて合わせた種の数よりはるかに多い。何種類いるかは実はわからないが、その数は少なくとも何百万にも達する。わかっているのは、生命の樹の基本構造は、地球に現存する生命がすべて、一個の、今はない微生物に由来するということを理解する助けになったということだ。

しかし、地球上のすべての生命が共通祖先である微生物に発するのなら、その最後の共通祖先が登場したのはいつだったのだろう。

第3章　始まる前の世界

私がブリティッシュコロンビア大学の博士課程を修了して一年もしないうちに、ロングアイランド州にあるブルックヘヴン国立研究所に海洋科学部が新設され、私はそこに採用された。ブルックヘヴンの主たる研究分野は物理学で、ある程度は化学もある。私は物理学科にも化学科にも属したことはなかったが、その後の二三年の間に、物理学や化学の同僚からたくさんのことを教えてもらった。

物理学者は単純さに価値を置く。物理学者は自然現象からもろもろをはぎ取って、根幹だけにする。物理学と化学が交差する部分の一つに、原子核物理学があり、これは地質学的な作用を理解するときにきわめて便利になった。二〇世紀の初頭、その分野の基礎となる研究、具体的には物理化学者ハロルド・ユーリーによる同位体の発見が、歴史が始まる前の地球を覗き込む手助けをした。

化学元素は原子核にある正電荷をもつ粒子、「陽子」の個数によって決まる。同位体は、陽子数は同じでも「中性子」数が多かったり少なかったりする。中性子には電荷はないが、原子核で「接着剤」の作用をして、陽子の正電荷どうしが反発しあってばらばらにならないようにしている。どの元素にもいくつかの同位体がある。たとえば、炭素は陽子が六個で、いちばん豊富にある炭素の同位体は陽子六個と中性子六個のもので、原子核を構成する粒子が一二個であるため、この同位体は炭素12と呼ばれる。しかし陽子六個と中性子七個（炭素13）や、陽子六個と中性子八個（炭素14）もある。炭素13は安定している——つまりいつまでもそのまま存在する——が、炭素14は放射性で、中性子の一つが崩壊して陽子になることで、陽子が七個の窒素14となる。これは安定なので、ずっとそのまま残る。炭素14にある中性子が崩壊して陽子になるとき、原子は同時に、負電荷をもつベータ粒子、この場合にはそう呼ばれるが、要するに電子を放出する。ベータ粒子の放出は正確に検出できるので、それを使って試料に炭素14がどれだけ含まれていたかを求めることができる。炭素14の半減期はおよそ五七〇〇年、つまり五七〇〇年経過すると、ある集団中の炭素14原子のうち半分が窒素14になるということだ。炭素14の放射性崩壊によって、たとえば骨、歯、木材など、炭素を含む物質の年代決定を行なえる可能性がある。しかし何万年もたつと、炭素14はほとんどすべてが崩壊してしまい、信号が弱すぎて、試料の年代決定には使えなくなる。石炭や石油は何千万年も前にできたので、もう検出可能な炭素14は残っていない。こうしたものは、放射性同位体炭素14の半減期何回か分ではすまないほど古い。しかし幸い、他にも自然にできる放射性同位体があり、中には半減期が何億年、何十億年というものもある。ウランの二種類の同位体、ウラン238とウラン235がそうした例となる。

この二つの自然にできるウランの同位体は、非常に熱い、短命な星が爆発して「超新星」となるときにできた。この爆発が、私たちの恒星、太陽が輝き始めるよりずっと前に、その原料をもたらした。ウランの同位体は太陽系が形成されるときに隕石にも組み込まれた。ウラン238の半減期は四四億六〇〇〇万年で、ウラン235の半減期は七億四〇〇〇万年だ。最終的には、この二つの同位体は崩壊して、二種類の、安定な（非放射性の）鉛の同位体になる。

ウランの同位体の研究は、第二次世界大戦中のアメリカのいくつかの国立研究所でさかんに行なわれた。理由は明らかで、その同位体の一つが原子爆弾の製造に使えたからだ。しかし、ウランの同位体の発見は、兵器の生産以外にも多くの実用的な応用を生み出した。実は、岩石中で自然に見られる元素の放射能によって、微生物の最古の証拠など、地球史の初期の出来事の年代を決めることができる。

一九五三年、クレア・パターソンという、当時カリフォルニア工科大学にいた三一歳の化学者が、ディアブロキャニオンで見つかった隕石中の鉛の同位体を測定した。このクレーターはアリゾナ州の北部にあり、五万年ほど前に大きな隕石が衝突してできた。隕石は太陽系が生まれてまもない頃にできたので、隕石ができた時期は、地球の固い表面ができた時期におおよそ対応する。

パターソンは隕石の試料をアルゴンヌ国立研究所へ持って行き、鉛の同位体を分析した。それはウランの二種類の同位体が崩壊してできたものであるにちがいなかった。非常に注意深い分析に基づいて、地球の年齢を四五億五〇〇〇万年と計算した。その後の科学的精査にも耐えているデータだ。パターソンが鉛の同位体を測定するより一世紀近く前にダーウィンが計算していた三億年という年代は、まだ一〇倍以上にしなければいけないほどはずれていた。

鉛の同位体から推定される年代は何を意味するだろう。それは、この地球は四五億五〇〇〇万年前以前に固い地殻を形成していたということだ。しかし地球がダーウィンに想像できたよりはるかに古いとすれば、生命が最初に進化したのはいつだったのだろう。パターソンが調べたような隕石中のウランの放射性崩壊は、温度には左右されない――つまり、隕石は熱かったかもしれないし、冷たかったかもしれないが、計算される年代はぴったり同じになる。しかし地球上の岩石は隕石とは違い、何度かの変化を被っている。地球内部が非常に熱いからだ。熱はウランと、他に二種類の元素、トリウムとカリウムの放射性崩壊でできる。その惑星内部の熱は、火山の噴火や地表での地震を生み出す。この作用は新しい物質を地球表面にもたらすが、同時に海底の堆積物は、地球内部に引き込まれ、そこで融けてしまう。過去に戻れば戻るほど、その当時の岩石の量はどんどん小さくなる。その理由は、古い岩石の大半が、浸蝕（しんしょく）で堆積物となり、地表から内部へもぐり込み、溶融し、新しい岩石を形成しているからだ。この過程には数億年かかるが、それをまぬかれるものはほとんどない。完全には浸蝕されないものが一部はあるとしても、それは温度や圧力の変化を受けていて、その作用は生命によってできた可能性のある有機物質の残骸を破壊するのに十分なほど大きい。いささか皮肉なことに、私たちに地球の年齢を再構成できるようにする元素による熱が、地表の最古の岩石に残る証拠を破壊してしまう。

　極度の熱など、創造の記録を変えるような変化を被っていない非常に古い岩石が見つかる場所は、わずかながら地球上にある。そのような最古の岩石はグリーンランド南西部のイスア層にあり、ここは地球でも有数の興味深い探訪地だ。岩石は約三八億年前のもので、植物にほとんど覆われていないので、実に見やすい。私は何年か前、この地層の岩石を何十年も調べている、友人で同僚のミニク・ロージングとともにそこで一か月を過ごした。そこに有無を言わせない生命の証拠を見るのは難しい。物理的な化石による証拠はない。しかしイスア層には、小さな黒鉛の鉱脈がある。黒鉛は固体の炭素の一形態で、一六世紀には高価な鉱物だった。それを使って、溶かした金属を入れる鋳型、たとえば砲弾用の鋳型を作れたからだ。砲弾の作り方は知らなくても、黒鉛がどういうものかは誰でも知っている。この鉱物を粉末にして粘土と混ぜたものが、この二〇〇年にわたって鉛筆の芯として使われている。イスアの黒鉛の鉱脈は、何十億年も前に堆積岩、つまり太古の海にできた岩石が加熱されてできた。

イスアの黒鉛には、炭素の安定した同位体の一方がきわめて豊富にある。炭素12が有機物に豊富である第一の原因が、光合成作用の結果であるため、この豊富さは興味深い。すべての光合成生物、たとえば私が黒海で調査した微生物などは、自らの細胞を作るのに、軽い方の安定同位体を好む。イスアの黒鉛に炭素12が豊富なのは、三八億年前の海に光合成する微生物があったことを意味するのだろうか。確かなことがいつかわかるかどうかは定かではない。この領域の岩石は熱と圧力で変成しすぎていて、そこからあまり多くのことを推測できない。しかし、もっと新しいものながら、時間を経て大きく変化したわけではない岩石は他にある。

他に二か所、南アフリカとオーストラリア西部にも、太古の岩石が残っている主要な場所がある。この二つの地域で最古の岩石は三六億年前までさかのぼり、その一部には、物理的な化石と、変わった炭素の同位体組成という形で、もっと具体的な生命の痕跡が含まれている。物理的化石が見つかった一つの領域は、オーストラリア西部のストレリー・プール層で、ここには約三四億年前の微生物の証拠がある。微生物の物理的な化石を見て確かめるのは非常に難しいが、どんな生物でも死ぬときには、堆積物の中に生化学的な痕跡を残す可能性が、ごくわずかながらある。微生物の場合、いちばんよく残る痕跡は、たいてい脂質——細胞膜を構成する脂肪——だ。地球ができてから二七億年以後の岩石には、この分子化石が見つかっている。それより古い岩石で加熱も変成もされておらず、そのため複雑な有機物質を保存している岩石を見つけるのは非常に難しい。残念ながら、リボソームでも他の核酸でも、タンパク質でも、二〇億年以上にわたって岩石中に保存されているものはない——保存されていたとしたら、生命史の理解はずっと完備されたものになるだろうに。もっと若い岩石には、微生物が生きていたことの有無を言わせない証拠がある。およそ二六億年前の岩石中に、微生物の明瞭で物理的な化石があり、炭素、窒素、硫黄の同位体のばらつきは、当時の海に豊かな微生物世界があったことの強い証拠を提示する。

分子化石（ほとんどは脂質に由来する分子）と物理的化石両方に基づくと、岩石の記録の解釈は、地球史の最初の三五億年、つまり地球ができてから今までの時間の八五パーセントの間、生命はすべて微生物で、ほとんどすべて海に限られていたということになる。動物も、陸上の植物も、土壌と言えるものもなく、長い間、ほとんど酸素はなかった。

しかしこの太古の微生物が当時、実際にどういう作用をしていたか、言えることがあるだろうか。そしてそのことが、三〇億年後の植物と動物の台頭について何か言えるだろうか。

太古の微生物岩石の記録に似ているのが黒海だ。実は、いろいろな意味で、現代の黒海の深海は、三〇億年前の海に見られたのと似たような種類の生物を湛えているらしい。

黒海は失われた微生物世界を表す現代の類似物だと考えるのはなぜか。

一九九七年、コロンビア大学のビル・ライアンとウォルター・ピットマンは、およそ七五〇〇年前、北半球の氷床（ひょうしょう）が解けたとき、地中海の水がボスポラス海峡を通って黒海に流れ込んだのではないか、その洪水は急速で、ノアの方舟の話の本当の元だったのではないか、という仮説を立てた。黒海に水があふれたのは突然だったのか、それとも他の人々が唱えるようにもっとゆっくりだったのか、いずれにしても、温かい、非常に塩分濃度の高い水が、現代のトルコのヨーロッパ側とアジア側を分ける、狭く浅い海の閾を通って海盆に流れ込んだ。この塩水はドン川、ドニエプル川、ドナウ川など、北方の川から海盆に流れ込む淡水よりも密度が高い。密度の高い塩水は、海盆の深いところに沈み、上には比較的軽い水が重なる。この水塊の物理的な密度の違いによって、深いところの水が、大気から酸素が入りうる表面に出てくることはほぼありえない。その結果、表面の光合成生物によって生産される有機物質が黒海の奥底に沈むにつれて、微生物に消費され、呼吸されて、黒海の内部の酸素をすべて奪いとる。実際、黒海の底の方は何万年も前から無酸素状態だ。ここは半分閉ざされていて、それほど長い間無酸素だった唯一の海盆である。どうしてそのことがわかるのだろう。

一九五〇年代と六〇年代の核兵器実験の結果として、大量の炭素14が生成され、大気中に広がった。その炭素の一部は海の表面と接触するようになり、表面の水が海洋の内部に運ばれると、同位体の放射性崩壊が正確に測定できてたどれるので、一種の時計のようになる。海洋学者は、大気圏の炭素14の最初の濃度を逆算することによって、どの海盆の水でもどのくらい前に大気にさらされていたかを求めることができた。そのような分析に基づいて、現代の黒海の深海の水が最後に大気にさらされたのは約一五〇〇年前で、それは地質学的な見方では長くはないが、上層の一〇〇メートルより下で生成された酸素が、水が再び沈んだときに急速に消費されるのには十分な長さだった。現代の黒海の深部は、少なくともこの八〇〇〇年は無酸素である。

黒海の深海にいる微生物は、文字どおりに何十億歳というわけではないが、代謝過程——あるいは単純に内部機構——を維持している点では、地球史のごく早い時期に進化した生きた化石だ。結局、それは何十億年か前の世界の海に広がっていた生物の代謝を保存しているのだ。その代謝を理解することによって、永遠に失われた遠い過去の世界での生命の動き方を理解することができる。しかし何十億年か前の生命がどんな暮らしをしていたかを理解する以上のこともできる。太古の微生物の機構を調べることによって、微生物と、人間を含む他の植物や動物すべてとのつながりも理解できるのだ。

ボンネットを開けて、見えない生物を動かしている仕組みの一部を見てみよう。微生物が細胞の中で、地球の生命のエンジンとなり、惑星の居住可能性にとっての鍵になるその仕組みを、どのようにして発達させたかを調べてみよう。

第4章　生命の小さなエンジン

　ロバート・フックが、折りたたみナイフで切り取ったコルクの薄片を顕微鏡で見て、「セル」と呼んだものがいったい何なのか、フック本人にはほとんど予想できなかっただろう。フックがその細胞(セル)の構造の概形を最初に記述してから三世紀以上にわたり、科学者は、細胞――自己複製できる生命の最小形態――がどのように動くかを理解すべく、時間と手間をかけてきた。その手間のほとんどは、細胞内部にあって、細胞がエネルギーを獲得して成長や生殖が可能になる仕組みの理解に向けられた。すべての答えがわかっているわけではないが、当の細胞がなしている容器の中に、マトリョーシカのように、さらに小さな容器があって、それぞれに固有の機能を果たしていることはわかっている。簡単な言葉がないので、こうした細胞内のさらに小さな容器のことを「生命のナノマシン」と呼ぶ。これはおおむねタンパク質と核酸で構成され、すべての生きた細胞に必要な機能を実行する集団である。私は科学者人生の相当の部分を、それがどういう仕組みかを理解しようとして過ごしてきた。

　このナノマシンの機能のしかたを理解することが重要なのは、その内部のはたらきによってこそ、基礎的な過程がコピーされ、いろいろな形にまとめられる様子が見えるからだ。この様子は、電子部品店へ行って部品を買ってきて、アンプやラジオやテレビなど、どんな装置でも作れるというのとあまり変わらない。自然は多くのタイプのナノマシンがあることを誇る。先にも述べたように、中でも古いものの一つ――リボソーム――は何十億年か前にいた祖先の微生物の中で進化した。この初期の微生物による太古の世界には第5章で戻って来るが、まずは他にもあるナノマシンと、そうしたナノマシンが細胞の中で実際にどう動いているかを見ておこう。

生きた細胞の内部の仕組みを調べようとするのは、ある意味で、ボンネットの中に何があるかまったく知らずに自動車の動き方を理解しようとするのに似ている。街なかを自動車が走り回っているのは見えるし、そこにはそれを動かしている何らかの仕組みがあるのは明らかだ。車を止め、キーを抜くと、車は動かない。ボンネットを開けることができれば、その仕組みを分解してすべての部品――すべてのボルト、ワッシャ、パッキン――を調べることもできる。さらに細かく見ると、部品が非常に精密に組み立てられていることがわかるが、組み立て方についての指示集のようなものはない。部品が何をするものかがわからなければ、その仕組みで車が道路を走れるようになるいきさつは想像できない。けれども、ピストンでもバッテリーでも、もちろんコンピュータでも抜き取れば、その特定の部品がしていることや、それが機械の中でどう機能しているかについての手がかりが得られることがある。

細胞の機能のしかたを知ることを、車の仕組みを理解しようとすることにたとえるのは、もちろん完全ではない。細胞は車よりもずっと複雑だ。車はひとりでにできあがったり、ひとりでに複製されたりしないし、残念ながら、ひとりでに修理されたりもしない。生物学者が細胞から部品を取り出して、個々の成分の動き方を見るようになったのは、おそらくあまり意外なことではないだろうが、これまでのところ、細胞の部品をゼロから組み立て直して完全に機能する、自己複製する生物体にすることはできていない。細胞の「ボンネットの内側」にあることを理解するまでは遠い。しかし、フックが細胞の基本構造を記述してから三〇〇年の間に、鍵になる部品の多くを特定する点では大いに前進があって、細胞内部のナノマシンがどう動いているかは見え始めているし、その知識によって、生命の樹全体にわたる細胞の組織化のパターンが見えるようになっている。実際、それによって、生命とは実際に何なのかを理解する好機も得られている。しかし言わばボルトやナットに立ち入る前に、部品がどのように特定されたかについて、簡単に見ておこう。

一九世紀に顕微鏡が改良されると、生物学者たち——ほとんどが裕福な男性——の詮索好きで辛抱強い性質もあって、部品の特定が始まった。一八三一年、スコットランドの植物学者、ロバート・ブラウンが、ランの細胞と、後には花粉を顕微鏡で丹念に調べて、その中心に不透明な斑点があるのを識別した。ロンドンのリンネ協会に提出された論文では、この構造は「核（ヌークリアス）」と呼ばれている。これが細胞の内部で最初に特定された構造となった。一八六九年、ドイツで働くスイス人医師、フリードリヒ・ミーシャーが、ブラウンによって特定された細胞内の構造物に、興味深い分子が入っていることを発見した。それはタンパク質（プロテイン）ではなく、ミーシャーはその新しい物質を「ヌクレイン」と呼んだ。ほとんど一世紀後に、その分子は新しい細胞を作るための情報を保持していることがわかる。

一九世紀の後半から二〇世紀の初頭にかけて、レンズ製造業者がさらに高品質のレンズなど、顕微鏡用の光学部品を開発し、大きな細胞の中を文字どおり覗き込めるようになった。この可視化は、特定の成分と結合する染料や色素でさらに品質が上がった。こうした前進によって、真核細胞、つまり細胞核がある細胞のいくつかの部品配置について、基本的な理解が得られた。植物と動物は基本的に、真核細胞が組織された集合体である。

レンズ、染料、さらに倍率の上がった顕微鏡の向上によって、比較的短期間の間にいくつかの発見が生まれた。一八八三年、これまた植物学者のドイツ人、アンドレアス・シンパーが、ヨウ素があると赤紫色に染まるデンプンが、植物の中の微細な緑の物体でできることを発見し、この物体を「葉緑体（クロロプラスト）」と呼んだ。一八九〇年には、これまたドイツ人のリヒャルト・アルトマンが、すべての動物の細胞に小さな粒子の集団があるらしいことに気づいた。アルトマンはそれをビオブラストと呼んだが、後にはミトコンドリア（単数形ではミトコンドリオン）と呼ばれるようになった。アルトマンはミーシャーのヌクレインが酸であることをつきとめ、この物質をあらためて核酸（ヌクレイック・アシッド）と名づけた。一八九七年、イタリアの医師、カミロ・ゴルジが、また別の構造について記述した。これはその後「ゴルジ体」と呼ばれるようになる。この構造は、最初はゴルジが用いた染料のせいでそのように見えたものと思われていて、これが実在するものであることが確認されたのは、二〇世紀の半ばになってからだった。後には他のいくつかの大きな構造が、最高度の光学顕微鏡を使った辛抱強い観察によって記述されるようになる。しかしレンズがどれほど優れていても、可視光を使う顕微鏡で見えるものという物理的な制限がある。

一〇〇〇分の一ミリ程度（つまり約一マイクロメートル）よりも小さい構造物は、可視光では詳細に見るのが難しい。人間の髪の毛は直径が約一〇〇マイクロメートルある。細菌などの微生物はたいてい、直径が一ないし二マイクロメートルほどで、それよりも小さいこともある。肉眼の視点に置き換えると、人間の髪の毛の直径の幅には、細菌を一〇〇個ほど並べられるということだ。また、微生物はそれほど小さいので、その内部の構造を識別することはまずできない。極微の細胞核があるのか。ミトコンドリアはあったのか。葉緑体はどうか。この細胞内の小さな構造物を理解しようとする探求は、アニマルキュールを微小な動物としてイメージする、かつてのレーウェンフックの考え方を思わせた。何十年かの間、ごく小さな細胞や大きな細胞の中の小さな部品を見分ける方面での前進は、光学顕微鏡の解像度や拡大率の限界によって停滞した。

飛躍は一九三〇年代に訪れた。二人のドイツ人物理学者――マックス・クノールと、その下についていた学生のエルンスト・ルスカ――が、高エネルギーの電子ビームを真空中で加速して試料に当てると、電子は散乱されるか吸収されるか透過されるかするのを利用する、新型顕微鏡を開発した。得られる画像は、マイクロメートルの一〇分の一単位まで構造を見分けることができる。光学顕微鏡で得られた拡大率よりもさらに一〇〇倍以上という高倍率だ。まったく新しい世界が開けた――初めて本当に細胞の「ボンネットの中を見る」ことができるようになったのだ。

細胞を電子顕微鏡で調べると、真核細胞には細胞核、ゴルジ体、ミトコンドリア、葉緑体があることが確認できた。しかし驚くことに、こうした構造がない微生物も多いことが明らかになった。微生物はすべてがマトリョーシカというわけではないらしい。内部に膜で囲われた構造物がない生物は、合わせて「原核生物」というグループにまとめられた。しかしながら、すべての細胞内部の構造についての詳細には、細胞核のあるなしにかかわらず、ある共通の構造があった。すべてに一定の部品が必要だった。

このすべてに含まれる部品の一つがリボソームである。それが最初に発見されたのは一九五五年のことで、ニューヨークのロックフェラー研究所（現ロックフェラー大学）にいたルーマニア人生物学者、ジョージ・パラーデによる。パラーデは、当時使えた中でも最高の電子顕微鏡を使い、哺乳類や鳥類――どちらも真核生物――の細胞の画像にある構造物を記述した。リボソームは毛玉のようなごく小さな球のように見え、細胞内の液体に浮いているようにも見えることもあれば、内部の特定の膜に沿って並んでいるように見えることもある。パラーデは、この小さな球がタンパク質と核酸の両方を含んでいることを発見したが、この部品の機能が理解されるようになるのはさらに一〇年後のことだった。それでも、細胞核にある核酸がDNAであることは明らかだったが、リボソームに含まれる核酸はリボ核酸(RNA)――糖の部分が違い、DNAにあるデオキシリボースよりも酸素原子が一個多いリボースとなっている別種の核酸だった。この小さい球は、「リボース」と「ソーム」(体)を縮めてリボソームと呼ばれるようになる。

リボソームは、伝令となる分子を介してDNA配列から情報を取り込む極微の装置である。伝令は遺伝子の鏡像、つまり相補的なパターンで、これがタンパク質を作る配列のひな形となる。DNAの相補的なRNAの糸は伝令(メッセンジャー)RNAと呼ばれる。メッセンジャーRNAにある情報は、どのアミノ酸をどの順番につなげるかをリボソームに教える。結果として得られるアミノ酸の鎖は、細胞が機能したり修復したり自らを増やしたりするのに必要なタンパク質となる。

細胞の基本的な部品はすべてタンパク質か、形成にあたってタンパク質に頼るか、いずれかなので、リボソームはどんな細胞にも不可欠だが、実に複雑な装置だ。直径はわずか二〇ないし二五ナノメートル(マイクロメートルはミリメートルの一〇〇〇分の一で、ナノメートルはマイクロメートルの一〇〇〇分の一)で、これは電子顕微鏡を使ってもなかなか見えない。つまり、細胞の基礎の基礎となる機能の一つ――タンパ

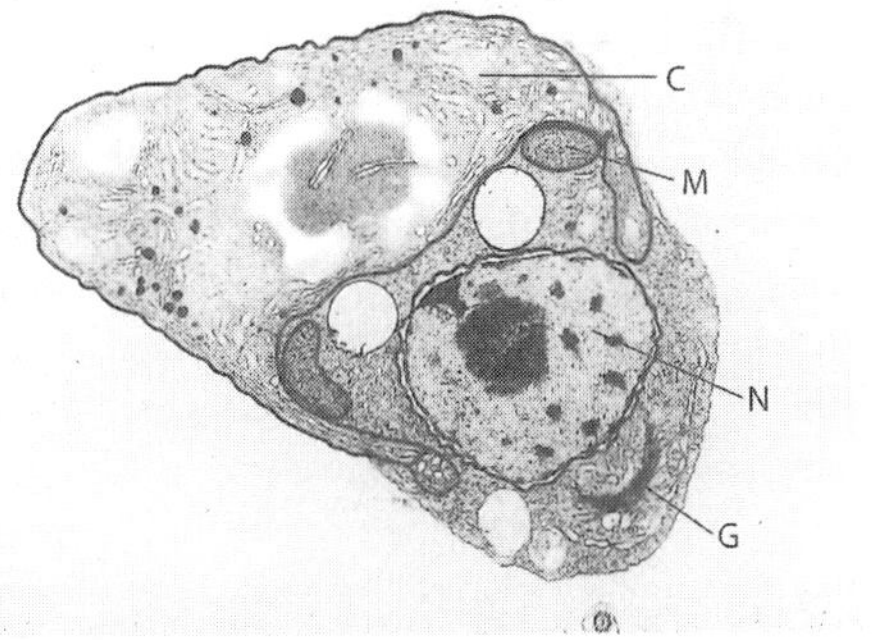

図９　緑藻にある細胞の薄片の電子顕微鏡写真。この生物は真核生物（図８）で、どの真核生物とも同じく、膜で囲まれたいくつかの細胞小器官がある。この藻類の細胞では、葉緑体（C）、ミトコンドリア（M）、細胞核（N）、ゴルジ体（G）という細胞小器官がある（元の電子顕微鏡写真は、Myron Ledbetter と Paul Falkowski による）。

ク質を作る——の仕組みが見えないのに、その機能をどうすれば理解できるか、というジレンマになる。そこで生化学者と物理学者が助けに入ってくる。

　生化学者は細胞の具体的な部品を規定するのが専門で、とくに細胞からその部品を取り出すことによって、その働きを見る。生化学者は一般に、まず細胞をばらばらにして抽出物をいろいろな成分に分ける。細胞の部品を分離するための基本的な道具は遠心分離機という。これは素材を高速回転させ、密度によって分ける。密度が大きいほど、その物質あるいは粒子は、遠心分離機の管の下の方へ行く。パラーデは高速の遠心分離機を使い、電子顕微鏡で見えていた毛玉のような丸い玉を分離した。

　しかし問題は残った。リボソームは実際にはどう機能するのか。パラーデらはリボソームを分離することによって、この構造物にはタンパク質と、メッセンジャーＲＮＡにあるものとは違う、さらにまた別種のＲＮＡ分子があることを明らかにした。まもなく、こ

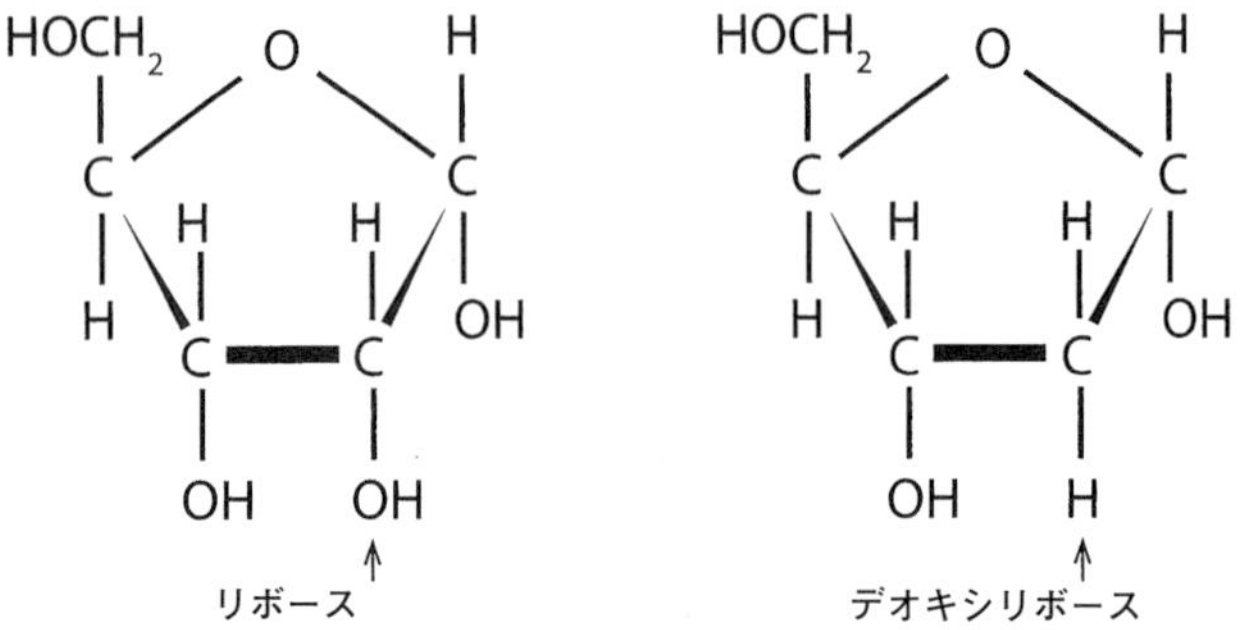

図 10　リボースとデオキシリボースの構造図。リボースはリボ核酸（RNA）に見られ、デオキシリボースはデオキシリボ核酸（DNA）にある。

の小さな球がしかるべき成分を与えられれば、試験管内でタンパク質を作れることが明らかになった。しかしどんなに優れた電子顕微鏡でも、パラーデが分離したリボソームの内部がどうなっているかを解明することはできなかった。この問題を説くには、さらに強力な画像化装置が必要だった。

二〇世紀初期の放射能発見直後には、X線が非常に高エネルギーの光の粒子で、結晶によって非常に整った散乱のされ方をすることが認識された。X線は電子よりもエネルギーが高く、ごく小さな構造物も分離できる――個々の原子のレベルでさえ。物理学者と化学者は、少しずつ向きの異なる結晶のX線画像をたくさん撮ることによって、結晶中の個々の原子の並びを決定できた。この手法はその後、細胞の成分を精製したものについて構造を識別するのに使われ、第二次世界大戦の直後には、タンパク質の結晶にある原子の並び方を決定することができるようになった。作業は非常に面倒だった。何百枚というX線画像を撮って重ねなければならなかった――コンピュータの助けはまだなかった。顕微鏡では分子の構造が直接見えなくても、結晶からのX線の散乱角度を逆算

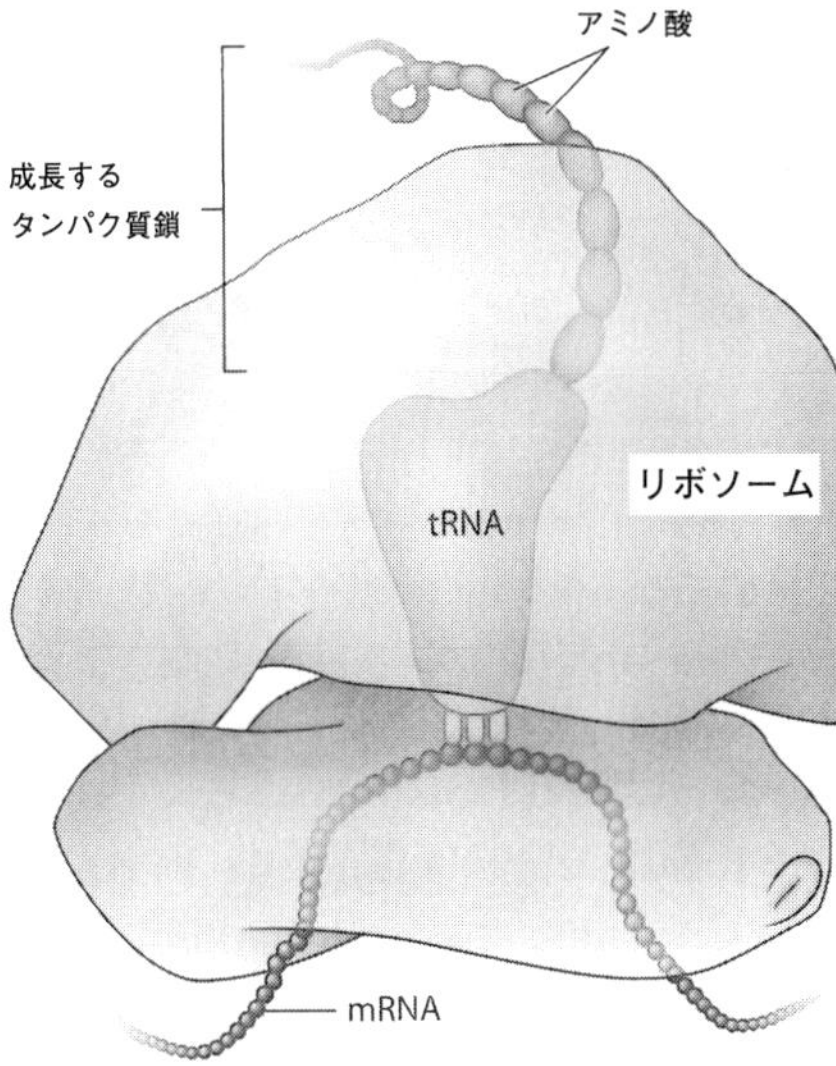

図11　リボソームの基本的な機能を示す略図。このナノマシンは、元はDNAに符号化され、メッセンジャーRNA分子によって転写される情報のひな形を使ってタンパク質を作る。メッセンジャーRNA〔mRNA〕分子は、特定のタンパク質のアミノ酸配列を表す情報を提供する。細胞にあるそれぞれのタンパク質には、それに対応する固有のメッセンジャーRNAがある。リボソームにもRNAが含まれるが、これは多くのタンパク質によってもっと大きな構造にまとまり、メッセンジャーRNAの情報を「読み」、特定のアミノ酸が付着した第三のRNA分子（転移(トランスファー)RNA〔tRNA〕）を使って、一度にアミノ酸一つずつをつなげてタンパク質を構成する。タンパク質はリボソームから生まれ、細胞内のしかるべき場所を見つける。

して構造を導くことができた。コンピュータと、私がいた棟からは通り一つ隔てたブルックヘヴン国立研究所に一台あったシンクロトロン光源のような高エネルギーX線源が使えるようになってくると、構造が明らかになったタンパク質は増えていった。タンパク質の構造は私のいる大学では化学科でアーカイブされ、コンピュータがあれば誰でもオンラインで見ることができる。

リボソームは一個のタンパク質だけでできているわけではなく、単純にタンパク質だけであるわけでもない。それよりずっと複雑な構造物だ。原核生物に見られる最も単純なリボソームでも、RNA分子だけでなく、二つの部分にまとまるおよそ六〇のタンパク質がある。リボソームをそのまま結晶化しようとするのは無鉄砲と考えられていて、もちろんX線からその構造について有益な情報を得られるとは思われていなかった。それでも一九八〇年代の末、二人の科学者がそれを行なった。一人はハリー・ノラーでアメリカ人、もう一人はアダ・ヨナスで、ドイツとイスラエルで研究した生化学者だ。忍耐と粘りと洞察力で、二人は初のリボソームのX線画像を生み出した。

その後の二〇年の間に、世界中のいくつかのグループが、この驚異のナノマシンの構造を分析し始めた。カリフォルニア大学サンタクルーズ校のノラーとヴァイツマン研究所のヨナス、イェール大学のトマス・スタイツ、ブルックヘヴン国立研究所にいて後にケンブリッジ大学に移ったヴェンカトラマン（ヴェンキー）・ラマクリシュナン（ともう一人の共同研究者）は、X線画像を注意深く分析した結果から、リボソームの動作をつなぎ合わせていった。ヨナス、スタイツ、ラマクリシュナンの三人は、その努力によって二〇〇九年のノーベル化学賞を共同受賞した。

リボソームの二つの主要部分は、二枚の歯車の動きに似た相互作用をする。アミノ酸は第三のRNA

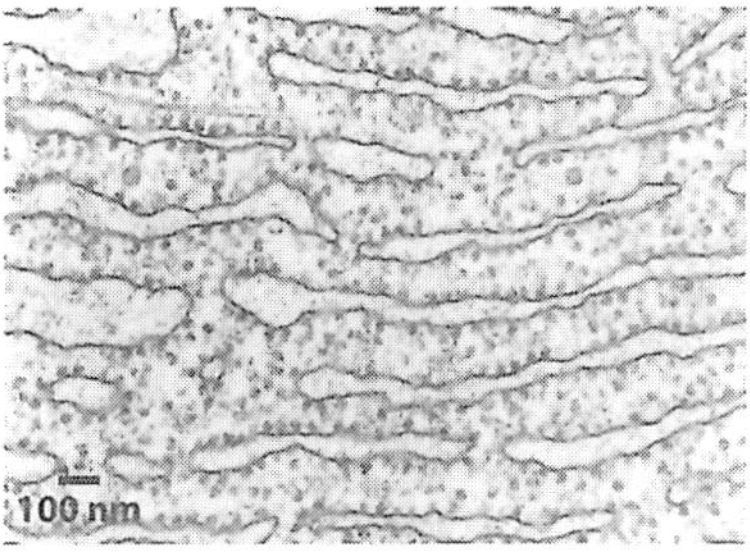

図12　真核細胞の細胞内膜系（小胞体）に沿って並ぶリボソーム（小さな毛玉のような球）を示す電子顕微鏡写真。ジョージ・パラーデが最初にリボソームを特定したのはこの種の画像からで、後にそれを分離した。

分子、転移ＲＮＡによってリボソームに輸送される。メッセンジャーＲＮＡが一本のスパゲティのようにリボソームに送り込まれると、二つのタンパク質による部分が前後に動き、すでにつなげたアミノ酸鎖に適切なアミノ酸をつなげてタンパク質を作っていく。タンパク質工場はこうして遺伝子にある情報を「型抜き」するようにして形にする。この複雑な装置は驚くほど効率的に動作する――一秒に一〇ないし二〇個のアミノ酸を加え、タンパク質の糸が現れてくる。

この複雑なタンパク質工場は、どの生物の細胞でもほとんど同一だ。リボソーム内のＲＮＡにはわずかな変動があるが、その変動は、自然界ではいつでも起きている「中立変異」と考えられている。でたらめに起きる偶然で、処理の結果に影響はしない。中立変異は至るところに見られる。人はそれぞれ指紋が異なる。渦巻の人もいれば、アーチ状の人、環状の人もいる。触覚の感度と指紋の模様との間に相関はない。同様に、リボソームＲＮＡの変異はリボソームがタンパク質を作る速さに影響はしないらしい。「強力ソーム」も「弱虫ソーム」もない（少なくとも私たちはあるとは思っていない）。実際、すべてのリボソームの構造はよく似ているので、ほとんど区別できない。その違いによって、カール・ウーズとジョージ・フォックスは原核生物を二つの大分類に分離することができた——細菌と古細菌で、真核細胞とは大きく違っている。リボソームＲＮＡでの核酸の配列の違いによって、すべての生物の進化の歴史をたどれるようになるが、ＲＮＡの配列にある違いは細胞の基本的機能に影響はしない。すべての細胞のタンパク質の作り方はまったく同じである。

しかしタンパク質を作るのは単純なことではない。アミノ酸はひとりでに化学結合を作ってつながりはしない。二つのアミノ酸の間に結合を作るには、エネルギーが必要となる。すると、タンパク質を作るためのエネルギーはどこから来るのだろう。それは細胞の別のところにある、別のナノマシン群によって作られる。細胞内の世界はさらにややこしくなる。

細胞内でのエネルギーの基本通貨は、「アデノシン三リン酸（トリフォスフェート）」（ＡＴＰ）と呼ばれる分子で、ＤＮＡにもＲＮＡにも見られる核酸分子一個と、糖、三つのリン酸基がつながったものを含む。この分子が生化学的反応で用いられると、切れて「アデノシン二リン酸（ジフォスフェート）」（ＡＤＰ）と一個のリン酸となる。ＡＴＰが切れると化学的エネルギーが生じ、これが多くの目的に使われる。あらゆる生物、とくに微生物でのＡＴＰの主な機能の一つがタンパク質の合成である。また運動にも使われる。さらに陽子、ナトリウムイオン、カリウムイオン、塩素イオンなどのイオンを細胞膜を通って押し込むという機能もある。こうした機能も他の機能も、すべて生命の樹全体で見られる。ＡＴＰが地球にいる細胞すべてにあまねく分布しているということから、細胞はどうやってＡＴＰを作るかという問題が生じる。

大部分のＡＴＰが細胞内でどう作られるかの発見は大いに議論の的になったが、生物学でも最大級の

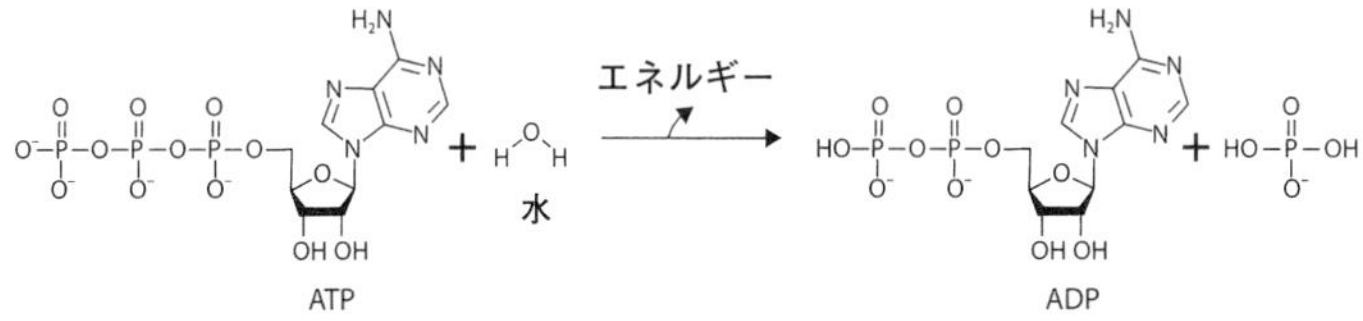

図13　生命の樹全体での生物学的エネルギーの基本通、アデノシン三リン酸（ATP）である。ＡＴＰが酵素で水と結合すると、１個のリン酸基が分子から切り離され、アデノシン二リン酸（ADP）と無機物のリン酸となる。この反応が、細胞が生きるために使うエネルギーを放出する。

核心に迫る発見だ。パスツールが、微生物は酸素がないところでブドウ糖をエネルギー源として使えることを発見して以来、長年にわたり、ＡＴＰは細胞内で、小さな分子のリン酸基を直接ＡＤＰに転送することによって作れることが知られていた。この「基質リン酸化」と呼ばれる過程は、長い間、ＡＴＰの唯一の源であると考えられたが、数が合わなかった。酸素がないときには、微生物によって生産されるＡＴＰの量は少ないことが多いが、酸素があるときに生産されるＡＴＰの量は、基質リン酸化では説明がつかないほど多くなる。別のＡＴＰ源がなければならなかった。

一九五〇年代、当時ケンブリッジ大学に勤めていた、少々変わったイギリス人生化学者ピーター・ミッチェルは、イオンが膜を越えてどう輸送されるかについて考えていた。膜は電荷を持つ可溶性の原子や分子、つまり「イオン」と呼ばれるものの拡散に対して壁となる。微生物では、ＡＴＰがイオンなどの分子を細胞内外へ膜を通して輸送できることを、ミッチェルは知った。しかし自分のところにいた大学院生の一人が、細菌では、糖の細胞内への流れに細胞外への水素イオン（陽子）の流れが伴うことを示した。糖と陽子の流れはＡＴＰに依存していた。ミッチェルは、反応が一方の向きに進むなら、反対方向にも進むかもしれない

——つまり細胞に陽子を加えることによって、ATPを消費するのではなく作ることになるかもしれないと考えた。ミッチェルはケンブリッジを離れ、コーンウォールでリフォームしておいた小さな家の実験室で研究をし、そこで新しいアイデアに達した。

ATPの大量生産には、七〇年前にアルトマンによって記述されていたミトコンドリアが関与していることだけでなく、ATP生産の速さは酸素の存在に左右されることも知られていた。酸素は水に変換された——つまり、酸素原子一個につき水素原子（H）二個が加えられ、水（H_2O）になった。

ミッチェルは、ミトコンドリア内部の膜を挟んで、この細胞小器官内の陽子の濃度に関係する力があることを唱えた。ミトコンドリア内部には膜のネットワークがあり、膜の一方の側には他方の側よりも多くの陽子があることも発見した。陽子の濃度が高い方の側から低い方の側へ移動すると、ATPができた。ミッチェルが「化学浸透」と呼んだこの過程は、ミトコンドリア内部の膜がそのまま残ることを求めていた。

一九六一年にミッチェルが仮説を発表してからまもなく、コーネル大学の若手研究者アンドレ・ヤーゲンドルフが、葉緑体にも同様の過程があることを示した。ヤーゲンドルフは葉から葉緑体を分離し、この細胞小器官を酸性の溶液に浸し、暗所に保存した。光がないので葉緑体は光合成することはできないが、葉緑体の内部は酸性になる。そこでヤーゲンドルフは葉緑体を暗い中で中性の溶液に移し、陽子が中から出てくるとATPができることを示した。関与している機構やその動作が明らかになるまでにはさらに二〇年がかかることになるが、ミッチェルは、エネルギー生産の化学浸透過程の発見に対して一九七八年のノーベル賞を授与された。

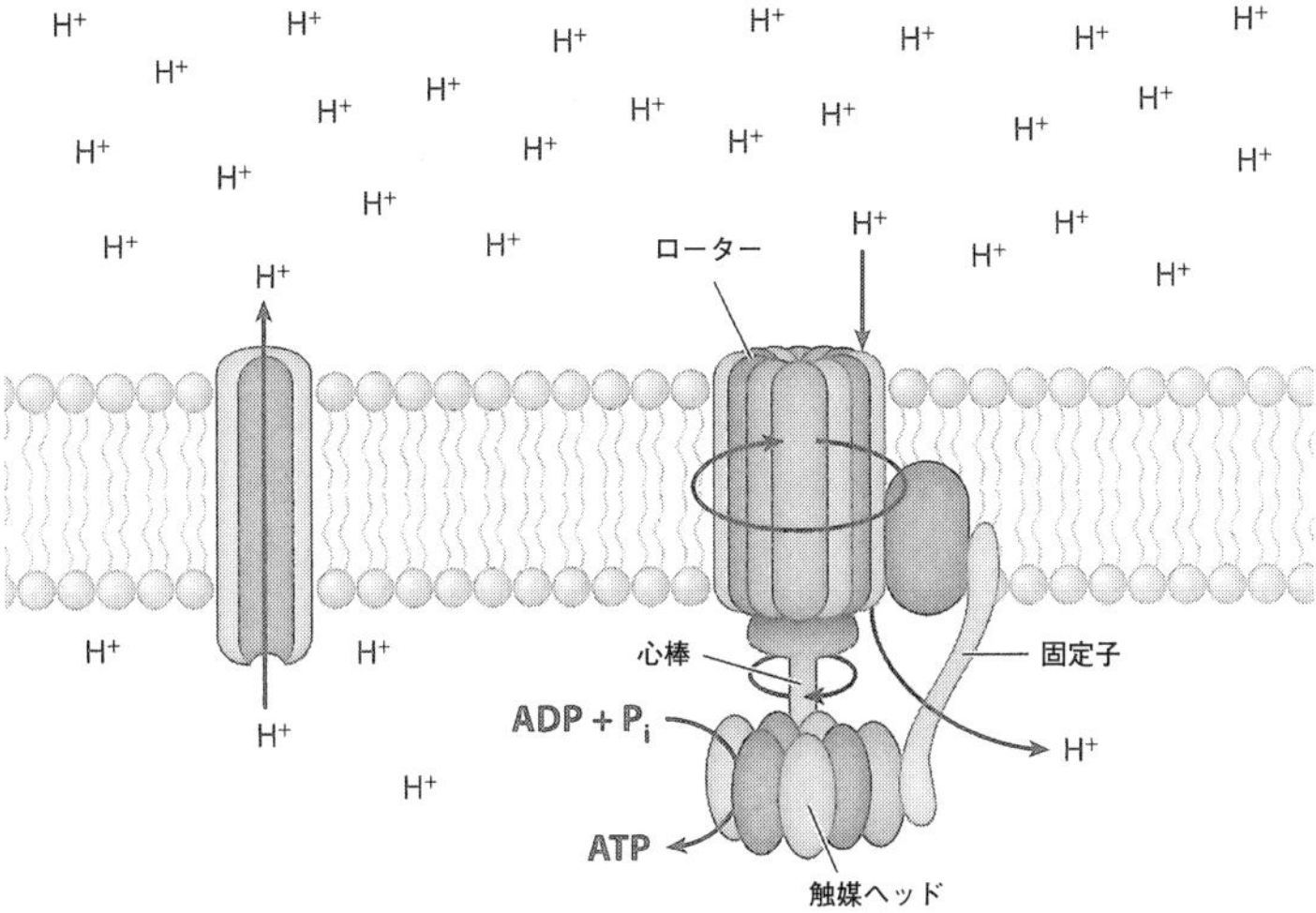

図14　アデノシン三リン酸は、膜を挟んだ電荷の勾配を生み出すことによって細胞内で作られる。多くの細胞と二つの細胞小器官、ミトコンドリアと葉緑体では、電荷の勾配は陽子勾配——つまり、膜の一方の側にある陽子（水素イオン）の方が反対側よりも多いということ——によってできる。陽子が膜の内部に組み込まれた共役因子によって通されるとき、ATPを作ることができる（図15）。

ミッチェルが明らかにした根本的な現象は、生命が電気的勾配を用いてエネルギーを生成し、生命がエネルギーを使って電気的勾配を生み出すということだった。この過程は電池の動作に似ている。要するに、すべての生物は電気発生装置だ――陽子のようなイオンを膜ごしに移動させ、それぞれの電気勾配を生成する。陽子と電子の元は水素――宇宙にいちばん豊富にある元素――である。電気勾配は膜を必要とする。これがないと陽子などのイオンの濃度差もなく、したがってATPを作るエネルギー源もない。ミッチェルの発見は、ATP生産に関与する構造物がどう動作するかの理解に道をつける助けとなった。このナノマシンは「共役因子」と呼ばれる。

共役因子は膜の内外にまたがる文字どおり超小型モーターである。膜を貫通するタンパク質のセットであるシャフトがあり、シャフトの一方の側にあるさらに大きなタンパク質(頭部基〔ヘッドグループ〕)に物理的に挿入されている。基本的な造りは極微のメリーゴーラウンドのようなものだ。膜の一方の側にある陽子は膜を横断するシャフトに結びつき、それに沿って動く。その過程で、陽子の流れがシャフトを物理的に一定方向に回転させる〔図15〕。水が水車をくぐって流れるときに水車を回転させるのに似ている。シャフトが物理的に回転するので、それはもっと大きなタンパク質(メリーゴーラウンドの台に当たる)を機械的に動かし、これがADPとリン酸を結合させる。台は振動し、シャフトが一二〇度ほど回転するごとに、ATPの分子ができ、他の機能で使うために細胞に放出される。モーターは逆にも動作しうる。細胞内にATPがたくさんあれば、それは陽子、あるいは他のイオンを、膜ごしに排出できて、ATPはADPと単独のリン酸に変換される。

このATP生産用の超小型電気モーターの基本的な造りは非常に古くからある。それが微生物の中で

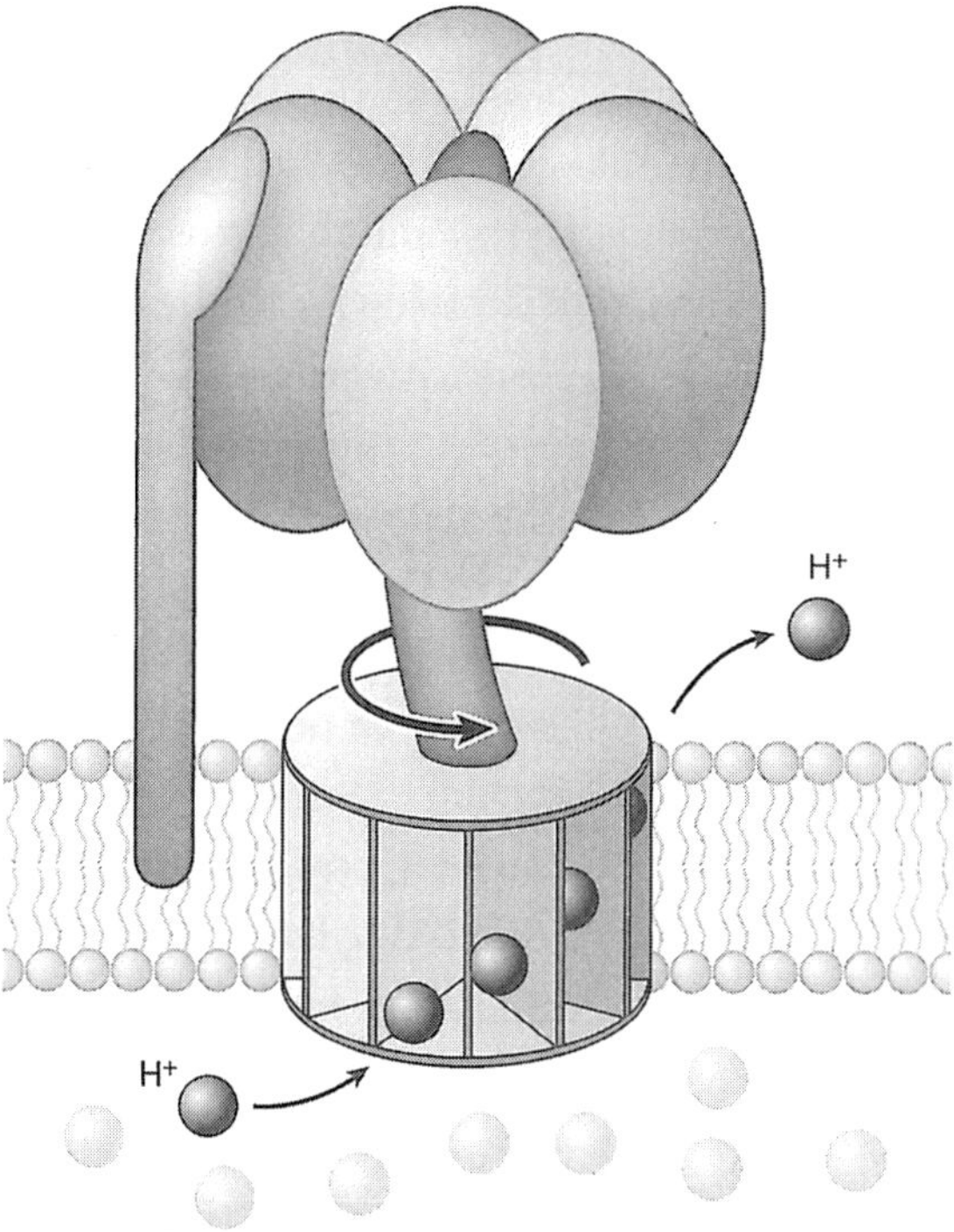

図15　共役因子が陽子の流れからATPを生成する基本的な仕組みを表す図。陽子は膜にある心棒をくぐりぬける。そのとき、心棒は物理的に回転し、このナノマシンの、膜とは反対側にある頭部が振動する。物理的な振動によりADPと無機物のリン酸（図13）が頭部基に付着でき、そこで両者は化学的に結合する。

進化したのは遠い昔なので、それが進化する歴史を理解するのは難しいが、ＡＴＰは自然のどこにでも見られる。すべての動物では、筋肉や神経の死活的な成分である。植物の根にも葉にも見られる。微生物にも見つかる。ＡＴＰの生産はすべての生物にとって生死にかかわるものであり、膜に依存するので、すべての生物は細胞膜をまたぐ電気的勾配を維持しなければならない。電気的勾配は、とりわけ、必須の栄養を細胞内に輸送し、老廃物を細胞外へ輸送するのに欠かせない。しかし共役因子を「リバース」で動作させることで生まれる電気的勾配はエネルギーを消費する。

生物という装置は、どこかでどうにかして、環境からエネルギーを得て、細胞内で電気的勾配を生み出すのに必要な細胞内エネルギーを生成しなければならない。でないと生命はすぐに止まってしまう。地球上のすべての生命の原動力となるエネルギーは、つまるところ太陽に由来する。光合成は自然界で最も複雑な生物学的反応の進化をもたらした。私は研究者人生のほとんどを、この過程の動作を理解することに捧げてきた。この過程の核心は、光合成を行なう生物のみにある別のナノマシンで生じる。

光合成をする真核細胞、たとえば藻類や、もっと高度な植物では、これに関与するナノマシンは葉緑体しかない。とはいえ、光合成の過程の基本設計が最初に発見されたのは、水を分解するのではなく、水素分子を利用する細菌でのことだった。光合成の過程に使われる物質が何であろうと、光のエネルギーを化学エネルギーに変化するのに関与するナノマシンは「反応中心」と呼ばれる。これは共役因子のように、膜に埋め込まれたタンパク質群でできている。このグループのタンパク質は、葉緑素（クロロフィル）のような色素などの分子を、光化学反応が機能するような特定の位置に保持している。タンパク質は、生化学者の言い方では、ナノマシンの動作部分にとっての「足場」となる。

光合成の過程はほとんど魔法のようだ。光が吸収され、化学結合ができる。魔法のナノマシンは、光の粒子（「光子」）にあるエネルギーを糖——人間でも、自立するほとんどどんな微生物でも、エネルギー源として用いる物質——に変えるために何をしたのだろう。

光合成では、光は特定の分子、たいていは葉緑素という緑の色素に吸収される。特定の葉緑素分子が特定の波長、つまり特定の色の光を吸収することが、化学反応をもたらす。反応中心に収まった一個の特定の葉緑素分子が光子からエネルギーを吸収するとき、光子のエネルギーは葉緑素分子から電子を一個押し出すことができる。およそ一〇億分の一秒の間、葉緑素分子は正に帯電することになる（Tシャツによくあるような線画で、一方の人物がもう一方に話しかけているのを思い浮かべてもいいだろう〔xkcd.comという漫画のサイトで見られるようなもの〕。一方は「電子を一個なくしたよ」と言う。もう一人が「本当か」と言う。最初の方が答える。「僕の電気が正なんだ」）。

細胞中には自由な電子のようなものはない。電子が分子からはがれると、それはどこかへ行かなければならない。一つの可能性は、元いた分子に戻ることだ——ときどきそうなることはあるが、めったにはない。しかし、そうなったときには、反応中心は赤い光を出す——文字どおり赤らむのだ。しかしたいていは、光のエネルギーは電子を別の、実際には電子を必要としていないが一時的に受け入れる分子に押しやる。それはどういう仕組みなのだろう。

しばらく自分がラッシュアワーで地下鉄を待つ電子になったとしてみよう。列車が駅に到着するが、他の電子で満員だ。すると負電荷をもった電子としては、他の、やはりみな負電荷をもった電子と一緒に車両に詰め込まれたくはない。列車の雰囲気は非常にネガティブだ。しかし扉が開くと、制服と白手袋に身を包んだ人々があなたを車両に押し込む（実際、都市によっては、ラッシュアワーにそういうことが行なわれる）。制服を着た男は光の粒子のような作用をする——電子を入りたくないところ、つまり他の電子が多数ある環境へ押し込むのだ。列車に詰め込まれたすべての電子は車両全体を負電荷の負荷がかかった状態にするが、列車が駅を通っていくと、電子は電子が少ないところに引き寄せられて飛び降りていく。そうして電子はもっと正（ポジティブ）のところを探して仕事場へ行く。反応中心では、ミクロの規模で似たようなことが起きる。しかしもっと興味深いことも起きる。

反応中心で光の粒子によって葉緑素分子から押し出された電子は、「孔」を残し、葉緑素は正電荷を持つことになる。孔を埋めるには、葉緑素分子は手近の分子から電子を得る。藍藻類、真核生物藻類、すべての高等植物のような酸素発生生物の場合には、電子の出どころは、膜の一方の側に特殊な配置で保持されている四つのマンガン原子だ。その電子を葉緑素に与えると、マンガン原子も開いた電子の孔を埋める必要がある。手近に水を見つけ、光子が四回押すエネルギーを使って、二つの水分子から、四つの電子を一つずつ引き出す。水が電子を失い、陽子が離れると、結局酸素が残り、これが電子を求める。酸素は本来、電子を求めるもので、そのため、別の分子から電子を引き出したがる分子のことを、酸化剤（オキシダント）と呼ぶ。別のタイプの光合成反応中心では、電子源は卵の腐ったような臭いがする気体、硫化水素だったり、また鉄イオンの形をとったりすることもあるし、またある場合には、炭水化物（CH_2O）となる。それでも、結果はつまるところ、電子源は生物の外にあり、電子の第一の用途は糖を作るところにある。

電子源が何であれ、電子は必ず一本の経路に乗せて送られ、陽子は別の経路で送られる。陽子は正電

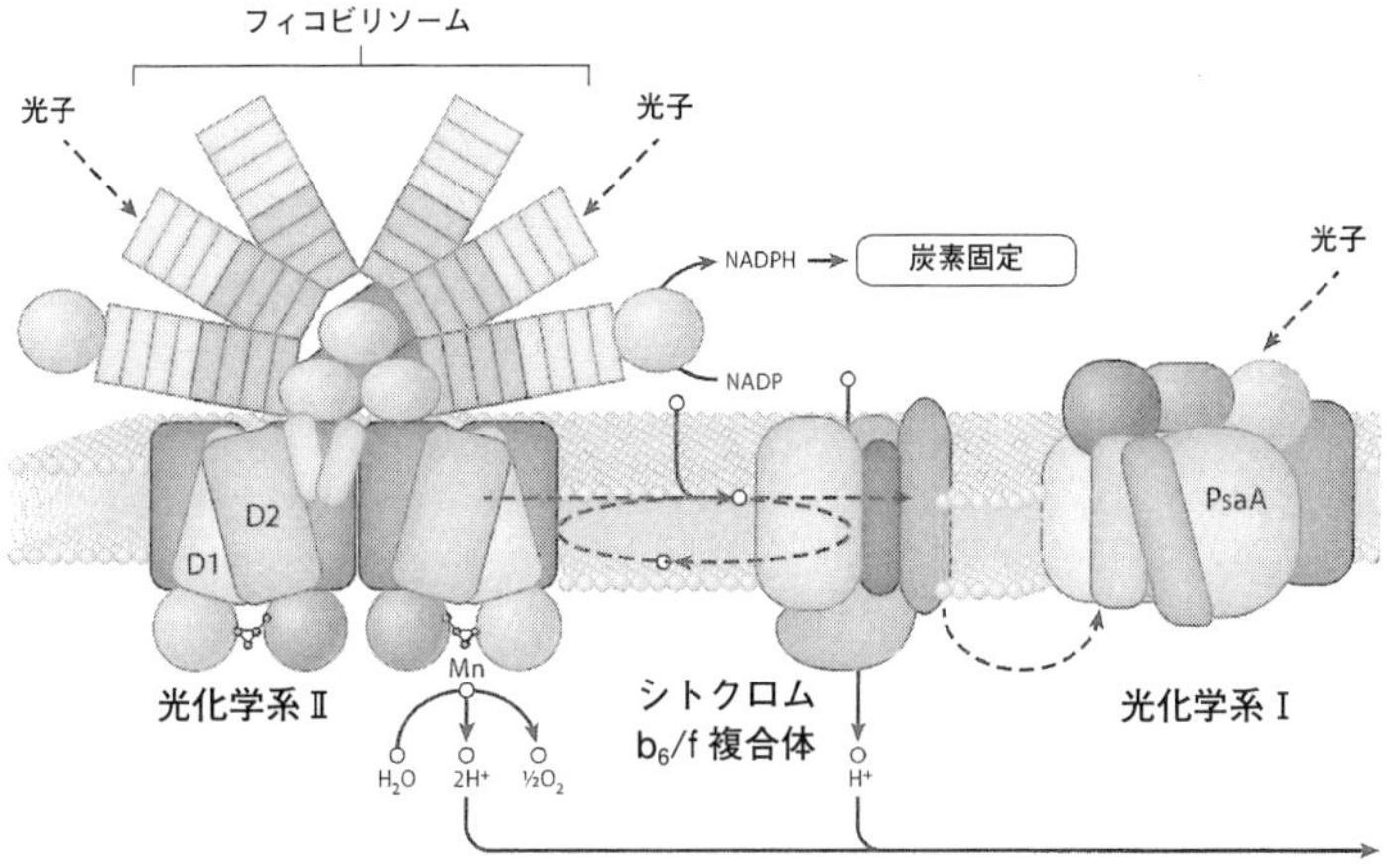

図16　酸素発生生物の反応中心の略図。これは水を分解できる唯一の生物学的ナノマシン。多くのタンパク質で構成され、第一の役割は、太陽のエネルギーを使って水を酸素、水素、イオン、電子に分けることだ。この構造物は膜に埋め込まれていて、水の分解から得られた水素イオンが、膜の一方の側に置かれる。それが共役因子（図15）をくぐって、ＡＴＰを作り、いずれ膜の反対側にある電子と出会う。

荷を持ち、やはり一定の仕事に使える。これは最初、膜の一方の側に蓄積される。膜のせいで陽子はただ外側に出るわけにはいかず、その結果、膜の一方の側に正電荷をもつ陽子が反対側よりも多くなる。これは要するに、ATPを作るために使える超小型電池だ。しかし陽子はどうやって二つの役目を果たせるのだろう。どのようにして電子と再結合し、有機物質を作るのに必要な元素である水素になるのか。ミクロの仕掛けがどうなっているか見てみよう。

反応中心は膜に収まっていて、膜は陽子など電荷をもった分子の自由な動きにとっては壁になることを思い出そう。電子が水または硫化水素から抽出されるとき、陽子ができる。陽子は膜の一方の側にたまる。膜はピザ台のような連続したシートで、陽子がくぼみにひっかかっている。日光に当たって何分かすると、光合成の反応中心はくぼみに、外の環境よりも一〇〇〇倍多い陽子を蓄積することができる。これは膜の一方の側に反対側の一〇〇〇倍の正電荷があるということだ。陽子は膜の反対側へ、共役因子機構を通じて通過し、モーターを回しATPを作る。その過程はすべての光合成生物で生じ、自然界の生物学的電気エネルギー源としては主要なものだ。

しかし共役因子を陽子が通過して、膜の反対側に行くときに何が起きるだろう。電子と遭遇し、別の変形した核酸と結合する。その分子は「ニコチンアミド・アデニン・ジヌクレオチドリン酸」という不運な名がついていて、NADPと略される。陽子と電子がNADPに加わると、この分子は還元されてNADPHとなる。NADPHの役割は細胞中に水素を運んで回り、有機物質を作るために使えるようにすることだ。不必要に複雑な過程に見えるが、細胞が自由な水素を作らなければならないとしたら、そのガスは物理的に小さくて、細胞から簡単に抜けてしまうだろう。水素の二つの成分、電子と陽子を分離してこそ、それをNADPのような大きな分子に再結合して、細胞は水素をひっかけておくことができる。光合成生物では、NADPHの水素原子は最終的に二酸化炭素（CO_2）を糖に変え、その糖を地球上にいる他の生物ほとんどがエネルギーを作るために使う。

多くの忍耐といくらかの運も必要だったが、水を分解しない光合成細菌の反応中心の結晶構造は、ハルトムート・ミヒェル、ヨハン・ダイゼンホーファー、ロベルト・フーバーという、三人のドイツ人生化学者によって分析された。一九八五年にイギリスの雑誌『ネイチャー』で発表されたその成果は、反応中心の中核にある三つのタンパク質による芯が、細菌のクロロフィルなどの分子を保持し、動作するナノマシンを形成していることを示した。三人は一九八八年、ノーベル化学賞を受賞した。数年後、水を分解する反応中心の結晶構造も明らかになった。最初はやはりドイツ人のグループにより、さらに後の、世界中のいくつかのグループによる。マシンの部品を見ることはできるが、残念ながら、それが働くところは実際には見えない——まだ。X線解析は仕組みの動画ではなく、静止画像だ。仕組みのある特定の状態を捉えるのであって、それが機能しているときの動きを明らかにするのではない。その欠点が、反応中心の実際の動きを完璧に理解するのを妨げているが、光のエネルギーがどう用いられて水を分解して酸素を作るかの理解に向かっては大いに前進してきた。

反応中心は特別で、それが動作するとき、ナノマシンは文字どおり、ミクロの音と光のショーとなる。光のエネルギーは葉緑素分子から、タンパク質複合体の提供側から需要側へと電子を押すのだった。その結果、一〇億分の一秒の間、正電荷をもった分子と負電荷をもった分子がタンパク質の足場にあり、両者は一〇億分の一メートルの距離で隔てられている。正電荷は負電荷を引き寄せる。タンパク質の足場は実際には電荷の引力のせいでわずかに崩れ、そうなると、圧力波が生じる。圧力波は両手を叩くようなものだ。反応中心が電子を動かすたびに、両者はミクロの拍手となり、非常に高感度のマイクなら文字どおり検出できるような音を立てる。この現象は光音響効果と呼ばれ、電話を発明したアレクサンダー・グラハム・ベルによって発見された。一八八〇年、ベルはこの効果を使って光から音波を生成し、光電話という、音を伝える装置を作った。この現象が、光合成をする生物のエンジンが電子を叩き出すときの音を聞くために使えることを、誰が予想しただろう。私の長年の共同研究者で友人――ロックフェラー大学のデーヴィッド・モーゼラル、バル゠イラン大学のズヴィ・ドゥビンスキー、私の研究室にいるマクシム・ゴルブノフ――とともに、私は生きた細胞の光合成装置が出す音の測定器具を開発した。私たちの音の分析から、光のエネルギーのおよそ五〇パーセントが反応中心の電気エネルギーに変換されることが明らかになる。

しかし光合成反応中心の仕組みを示す別の信号もある。反応中心はその蛍光特性も変える。青い光にさらされた葉緑素は、「蛍光」作用で赤く輝く〔蛍光は、当てられた光と別の波長の光（とくに長波長の光）を出して光る現象〕。蛍光は蛍光塗料や歯、蛍光処理をされたTシャツなどが、紫外光に当たったときに見られる。しかし光合成する生物では、反応中心が動作するほど、蛍光による赤い光の強度は増す。要するに、藻類や葉っぱが闇の中にあって青い光にさらされると、放出される赤い蛍光の強さは急速に高まる。この現象が最初に報告されたのは一九三一年のことで、二人のドイツ人化学者、ハンス・カウツキーとA・ヒルシュによる。二人はこの作用を肉眼で観察した。その後の七〇年にわたり、この現象は、反応中心がどれだけ動作したかの定量的尺度となることが示された。その結果、今では世界中であたりまえのように、精巧な測定器具を使って、光合成する生物で日光がどれだけ使えるエネルギーに変換されるかが調べられている。私も自分の研究生活を何年も費やし、この方式を使って、世界中の海で光合成エネルギー変換効率を理解しようとしてきた。もちろん黒海へ行ったときも、海の光合成反応を探すために、蛍光を検出できるこの種の器具を持って行った。

自然界には他にも多くのナノマシンがあるが、それを総覧することは私の意図ではない。むしろ、ここでボンネットの中を垣間見たことで、細胞を機能させるのに必要な鍵になる成分について、印象をつかんでもらえたと思う。すべての細胞は同様のタンパク質合成機構を持っている。すべての細胞は、共役因子によるATP合成に基づく何らかの基本的なエネルギー変換装置を持っている。すべての細胞は電子や陽子を、それを運ぶ水素から取り込んだり、水素に与えたりする。すべての細胞は膜を挟んで電場を作り、それがATPを作ったり消費したりする。結局、地球にあるすべての細胞は、つまるところ光合成生物に依存しており、これは太陽エネルギーを変換して、電子と陽子の流れを生み出す電場を作り、そうして私たちを含めたすべての生命が成り立つようにしているのだ。

おわかりのとおり、原初の微生物で進化したナノマシンによって、生命の樹全体にわたる細胞が機能できるようになる。太古の微生物にあるナノマシンの遺産が今の生きた細胞での働きにあるのを見ると、微生物は何十億年も変わらずに進んできたような印象を得るかもしれない。しかしそうではない。太古の世界の微生物に目を転じると、そうした生物も時間をかけて進化していることがわかるだろう。

最初の光合成をする微生物は嫌気性だった――つまり水を分解することができなかった。微生物が水を分解する能力を進化させるには数億年がかかった。水は他のどんな電子提供者候補と比べてもはるかに豊富にあるので、地球表面では理想的な水素源だが、水を分解するには多くのエネルギーがかかる。それに関与するナノマシンは、原核生物の間では一度しか進化しなかった。藍藻類でのことだ。この生物が最終的に水を分解できるようになると、それが酸素という新しい気体の廃棄物を生み出した。生物学的に酸素が生産されることで、地球上の生命の進化はすっかり姿を変えた。

第5章　エンジンのスーパーチャージャー

酸素は地球の大気に独特のものだ。この気体は太陽系の他のどの惑星にも高い濃度では見られず、また惑星を持つ恒星の近辺にも見つかっていない。他の惑星にも酸素があることがわかる可能性もあるが、地球型惑星にあたりまえにある気体ではないらしい。

酸素の蓄積は地球の歴史でも有数の——生命そのものが進化してから長い時間がたって生じた——転換期だったが、地球が大気に酸素を持つようになったいきさつはややこしい。その物語の一章は、酸素を生み出す微生物ナノマシンが進化する話だ。ナノマシンの進化は酸素の生産のために必要だったが、それだけでは酸素が地球大気の主要な成分となるのには十分ではない。地球の酸素化は偶然のめぐり合わせによる部分も大きい。後ですぐに見るように、酸素が地球で主要な気体となったのは、地殻変動と岩石中への死んだ微生物の埋没による。大気中に酸素が登場した後は、当の微生物の進化と生命を持続させる元素の循環に深い影響を及ぼした。

酸素が発見された歴史は、この気体の重要な性質を明らかにする。それは燃焼を助ける。空気中にはものが炎を上げて燃えるようにする何らかの成分があることは、前々から知られていた。一八世紀から一九世紀にかけて、空気のその特性を使って酸素が検出された。この気体が最初に発見されたのは、ドイツ系スウェーデン人薬学者、カール・シェーレにより、一七七二年のことだった。後から見れば、シェーレの発見は驚くべき幸運と洞察のなせるわざだった。鐘型ガラスで覆った酸化マンガンを加熱して、その反応の産物が炭の粉を急速に燃焼させることを観察した。酸化水銀でも同じ実験を行ない、類似の結果を得た。シェーレは酸化マンガンや酸化水銀がどういうものかはまったく知らなかった――シェーレにとって、それは単に緑色や赤色をした鉱物だった。しかしその鉱物を加熱したとき、そこから生じ、炭を燃やした見えない物質は、実に奇妙なものだった。シェーレはそれを「火の空気」と呼び、この奇妙な性質について何通かの手紙を書いた。しかしシェーレは正式な学者ではなく、自分の発見について学術論文を書いたのは三年後になってからだった。そのため、シェーレの実験は広く知られることはなかった。

一七七四年、それとは別の研究で、イギリスのジョセフ・プリーストリーが、拡大鏡を使って日光を集めて酸化水銀を加熱し、シェーレと同様の実験を行なった。プリーストリーがシェーレの実験について知っていたかどうかは不明だが、結果は同様のものだった。しかしプリーストリーは、鐘型ガラスの中に、炭ではなく、ろうそくを置いた。ろうそくは、空気だけを入れた鐘型ガラスのものよりも明るく長く燃えた。プリーストリーは、さらに劇的効果を加え、この気体中の方がマウスは長く生きることを示した（もちろん、水銀の蒸気は有毒なので、プリーストリーの実験をまねしない方がいい）。プリーストリーもこの気体が実際には何なのかはわからなかったが、植物がこの見えない物質を作れることは知った。そして、燃焼する物質は見えないフロギストンという物質を含んでいるという、今は廃れた理論を元に、自分が見つけた物質の方は「脱フロギストン空気」と呼んだ〔フロギストンがないため、物質中のフロギストンをよく吸い出すのでよく燃えると解釈された〕。プリーストリーは出窓に置いた鐘型ガラスにミントの葉のついた小枝を入れ、しばらく時間をおくと、その中に密封してあるろうそくに、拡大鏡で日光を集めて火をつけられることを示した。ミントの小枝がないと、ろうそくがつくことはなかった。しかしこの見えない、臭いもない物質は何だったのだろう。

一七七四年の末、プリーストリーはフランスの貴族で化学者で徴税吏だったアントワーヌ・ラヴォアジェを訪れた。ラヴォアジェはパリに立派な実験室を持っていた。プリーストリーは夕食会で自分の実験のことを話した。おそらく相当量のワインを飲んだ上でのことだろう。ラヴォアジェは興味を示し、プリーストリーの実験を追試して、酸化水銀を熱することによって、「呼吸可能」な空気を作った。ラヴォアジェは鉱物から酸素を作った人物としては三番めらしいが、調べ方が綿密で興味深いものだった。

ラヴォアジェは、自然現象についてプリーストリーよりも精密な理解を得ていて、化学反応によって何かが生み出されたとしても、代わりに何かが失われると考えた。考え方は単純だが鋭かった――それは定量分析化学と呼ばれるようになるものの土台だった。化学の始まりというよりは、仮説を厳密に検証することを考える化学の手法の始まりだった。ラヴォアジェは裕福だったので、フランスでも最高の器具メーカーに、当時の世界最高レベルの精密な器具を作ってもらうことができた。この器具の中には精密な天秤（てんびん）もあった。宝石でもあるかのように細かいところまで念入りに配慮して作られたものだった。この天秤なら、質量の四〇万分の一の違いも測定できた。このような精度は当時としては例外的で、ラヴォアジェはそれを大いに利用した。加熱する前と後の酸化水銀の重さを慎重に測ることによって、その間にどれだけの物質が失われたかを求めることができた。それからさらに、逆のことを行なった。空気中で金属の水銀を加熱し、酸化水銀を作ると、それは元の金属よりも重くなっていて、容器中の空気が一定の体積を失っていることを示した。この実験をリンでも繰り返し、リン酸を作った。ラヴォアジェは、酸化水銀を加熱することによって得られる気体が水の成分であることや、地球の大気が主として窒素とこの新しい成分でできていることも示し、新成分を酸素——「酸を作るもの」——と呼んだ。ラヴォアジェは分析化学の生みの親で、さらに進んでいくつかの新元素を発見したが、フランス革命期に、国王のために税金を徴収したとして、断頭台にかけられた。四〇歳だった。

ラヴォアジェは酸素がどうやって大気中に混入できたかを理解してはいなかった。酸化水銀などの鉱物を含む岩石に日光が当たってできるのかもしれなかったが、それはありそうにない。岩石は太陽にさらされても分解するようには見えないからだ。おまけに、酸化水銀を鐘型ガラスに入れて単純に日光にさらしても、何も起きない。酸素を得るには、鉱物を加熱して、相当高い温度にする必要があった。

謎の一部に答えが出たのは一七七九年のことで、オランダの医師、ヤン・インゲンホウスが、イギリスのプリーストリーが五年前に勤めていたのと同じ研究所で、水生植物が日光にさらされると緑の葉の上に泡を生み出すが、暗いところに置いておくとそれはないことに注目した。苦労して集めたその泡の気体は、もちろん、くすぶるろうそくを燃え上がらせた。インゲンホウスは植物が酸素を作ることを発見したが、本人もラヴォアジェも、それが水に由来することは知らなかった。

誰でも子どもの頃、呼吸する酸素は植物が作ることを教わるが、たいていの人は、その後、この過程についてそれ以上考えない。しかし化石からすると、陸上の植物が登場したのはわずか四億五〇〇〇万年くらい前でしかないことがわかる。地球ができたのが少なくとも四五億五〇〇〇万年前なら、四億五〇〇〇万年前以前の約四〇億年間は酸素がなかったということだろうか。

先にも述べたように、微生物は陸上植物の登場より何十億年か前に太陽のエネルギーを通じて水を分解できる複雑なナノマシンを進化させていたが、それができる微生物が最初に登場したのがいつかについては、まだ非常に不確かな構図しか得られていない。というと、いささか意外かもしれない。酸素を生み出せる光合成をする微生物で残っている原核細胞生物のグループは、藍藻類（シアノバクテリア）だけだ。

藍藻類の進化はまだ解明されていない。遺伝子的には互いに近い類縁関係にあって、緑の色素、葉緑素aを作る唯一の原核生物だ。しかしたぶんいちばん興味深いことに、異なる二つの光合成反応中心をもつ唯一の光合成原核生物でもある。一方の反応中心は、紅色非硫黄光合成細菌に見られるものと密接に関係しているが、この細菌は太陽のエネルギーを使って水を分解することはできず、したがって酸素は生まない。この細菌は光のエネルギーを使って水素ガスを分解して陽子と電子に分け、その後に糖を作る。もう一方の反応中心は光合成緑色硫黄細菌という、私が黒海の上層のうちの深いところで調べている種類の細菌に由来する。この生物も水を分解しないし酸素を生産することもなく、光のエネルギーを使って硫化水素を分解する。紅色非硫黄光合成細菌と緑色硫黄細菌は酸素に敏感で、酸素にさらされると光合成の能力を失う。どういういきさつか、この二つのまったく異なる生物に由来する反応中心が、一つの生物に居場所を見つけたらしい。それがどのように生じたかは不明だが、おそらく異なる微生物の種の間で一連の遺伝子交換が生じたのだろう。

結果として得られるキメラは、生まれつつある藍藻類の中に二つの反応中心が遺伝子的に埋め込まれたもので、さらに進化による修正を受ける。四つのマンガン原子を含むタンパク質が、紅色細菌からの反応中心に加えられる。これが水を分解する反応中心になる。時間を経て、新しい細胞が細菌の色素系を変え、葉緑素を生むようになると、これにより反応中心は、水を分解するためにもっと高いエネルギーの光を使えるようになる。第二の、緑色細菌から来たなごりの反応中心も変化して、改造されたナノマシンは酸素があるところでも動作するようになる。結果としてできる、よそから集めたナノマシンで構成された新しい仕組みはきわめて複雑で、二つの反応中心で一〇〇以上のタンパク質とその他の成分が集まり、それが次々と動作する。

先ほどの、電子を列車の乗客とする見立てに戻ろう。最初の反応中心では、要するに光は水にある水素から電子を取り出し、それを中間の一群の駅を通す。電子は第二の反応中心に達し、そこで、また光のエネルギーによって、すし詰めの列車に強く押し込まれ、それから別の中間の駅を通り、電子は最終目的地に達する。目的地はフェレドキシンという古くからある分子で、これは鉄と硫黄の複合体を含み、金と間違いやすい黄鉄鉱に似ている。そこで電子は、酵素の助けを借りて、最終的に相手となる陽子に出会い、ＮＡＤＰＨを作る。ＮＡＤＰＨは水素を運び、ＮＡＤＰＨにある水素は、二酸化炭素を有機物にするのに使える。全体としてのエネルギー変換機構は、およそ一五〇の遺伝子を必要とする。これは自然界で最も複雑なエネルギー変換機構である。

酸素発生型光合成装置と呼ばれることもあるこの装置は、地球の歴史で一度だけ進化した。酸素の生産は世界を根底から変えたため、私の友人でカリフォルニア工科大学にいる共同研究者のジョー・カーシュヴィンクは、藍藻類のことを気まぐれに「微生物革命的多数派（ボルシェヴィキ）」と呼んだ——地球に革命を起した生物だが、それはロシア革命よりもずっと前の、もっと根本的な革命だった。

　こうした微生物ボルシェヴィキは、形や大きさが様々で、非常に小さなピコプランクトン——直径がわずか五〇〇ナノメートルほどで、従来の光学顕微鏡ではほとんど見えない——から、比較的大きい、連鎖状の、肉眼でも見えるほどのものまである。現代の海には、常時一、〇〇〇、〇〇〇、〇〇〇、〇〇〇、〇〇〇、〇〇〇、〇〇〇、〇〇〇、〇〇〇（10^{24}）個以上の藍藻類の細胞がある。しかし、その数にもかかわらず、これほど小さな細胞が化石に保存されているのを見るのは不可能だろう。どんなに大きな藍藻類でも、細胞壁は単純ですぐに分解されてしまう。そうなると、こうした生物の古い化石がおそろしく少なく、なかなかそれとは識別しにくいのも意外なことではない。

　一九五〇年代には、ウィスコンシン大学のスタンリー・タイラーと、ハーバード大学のエルソ・バーグホーンは、古い岩石の微細化石への関心を高め、それがカナダ、オンタリオ州西部のガンフリント層に存在することを発見した。バーグホーンは、何人かの学生——ウィリアム・ショップ、アンドルー・ノール、スタンリー・オーラミクら——とともに、南アフリカや西オーストラリアの最古の地層から出る化石を調べ始めた。学生のショップはバーグホーンから西オーストラリアの標本を調べる仕事を割り当てられ、それまで報告されていなかった豊富な化石を発見した。一九九〇年代になると、ショップはカリフォルニア大学ロサンジェルス校の教授になっていて、北西オーストラリアの岩石に保存されていた鎖状の藍藻類に似た化石を報告した。この岩石はおよそ三五億年前にできたものだった。もしそうなら、この化石は酸素生成能力がある微生物が実に古くからあることを示す。しかし化石に動物の痕跡が見つかるのは、それよりはずっと後、およそ五億八〇〇〇万年前のことだ。酸素を生み出す微生物、つまり藍藻類の進化と、動物の登場との間におよそ三〇億年ものずれがあったなどと考えられるのだろうか。もしそうなら、なぜだろう。

ショップの成果は広く認められ、ショップは、現代の湖沼に見られる藍藻類の構造に似た化石の目を引く画像を伴う論文を他にも何本か発表した。しかし二一世紀初頭には、イギリスのオックスフォード大学の古生物学者マーティン・ブラシャーが、ショップがロンドンの自然史博物館に保管していた岩石試料を再検証し、ショップが記載した化石は何かのせいでそのように見える間違いだという結論を出した。ショップが見た細胞の連鎖は、微生物の細胞の化石ではなく、細胞に見える構造を形成する熱水鉱床に由来するミクロの鉱物がたまったものだとブラシャーは主張した。両陣営の論争は続いている。藍藻類の物理的に最古の化石の年代については合意はないが、およそ二四億年前の大酸化事変（後述）の前には、この生物は存在していなければならない。

岩石中に微生物の物理的構造が保存されるという問題を回避しようとして、岩石の化学を研究する化学者（地球化学者）は、別の手法をとった。多くの場合、生物は死ぬが、その遺骸は岩石中の化学的な痕跡として保存される。実は、私たちはそのことを直観的に知っている。石油や石炭は、大昔に死んだ生物の遺骸が保存されたものだからだ。化石燃料が死んだ生物からできたことを示す証拠がもたらされたのは、一九三六年、ドイツの化学者アルフレート・トライプスが、石油には、植物の色素である葉緑素からしかできない分子が含まれることを示したことによる。実は、化石にある生物の化学的な痕跡について研究する多くの人々が、石油会社に勤めて石油の有機成分を記述することで研究生活を始めている。堆積岩に保存されている化学的痕跡は、他の分子の痕跡も保存されているにしても、まずは水に溶け

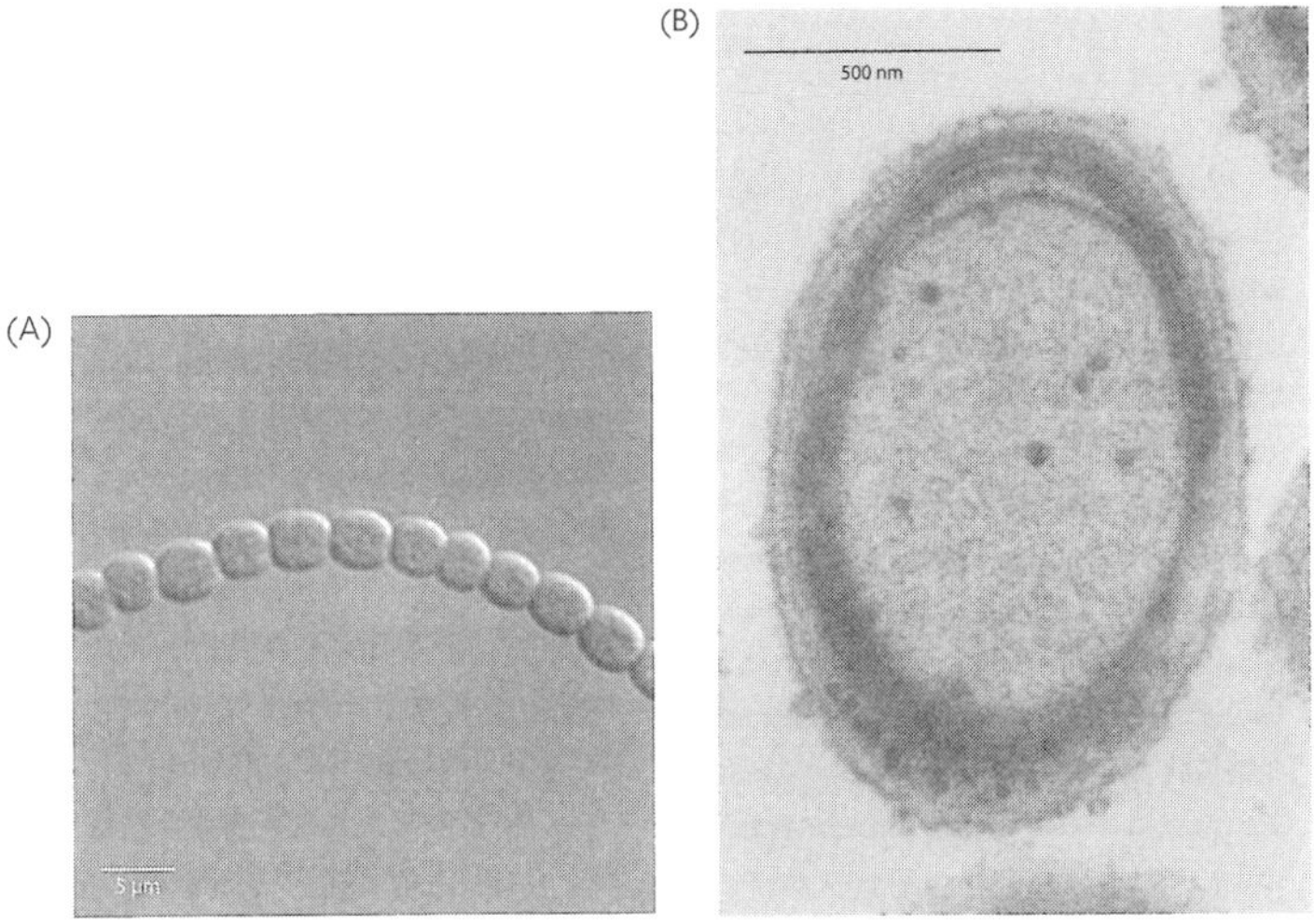

図 17　(A) 藍藻類 (*Anabaena sp.*) が連なったものの光学顕微鏡による画像。(Arnaud Taton ／ James Golden 提供) (B) 一個の藍藻類 (*Prochlorococcus*) の細胞の断面の透過型電子顕微鏡画像。この細胞は直径が約1マイクロメートルで、光合成装置 (図16) や共役因子 (図14 および 15) が埋め込まれたたくさんの膜を含んでいる。真核生物の藻類 (図9) とは違い、膜に囲まれた細胞小器官はない。(Luke Thompson ／ Nicki Watson ／ Penny Chisholm 提供)

にくい脂質――脂肪――の分子である。たとえば、人間も含めた動物が死ぬと、その痕跡となる化学物質の一つはコレステロール――動物の細胞膜にあるが、植物や、藍藻類のような原核生物には見られない分子――だ。しかし、原核生物は「ホパノイド」というコレステロールに近い一群の分子を作り、これがその膜を構成する。原核生物が死ぬと、膜にあるホパノイドは、何十億年も岩石に保存されることがある。実際、自然に生じる有機分子で地球でいちばん豊富なのはホパノイドだと言われることもある。

藍藻類は比較的特徴的なホパノイドを作り、この分子が壊れてできた産物は、過度の熱や圧力にさらされなければ、岩石中に保存される。グリーンランド南西部のイスア層の岩石には見られないが、一九九九年、マサチューセッツ工科大学のロジャー・サモンズというオーストラリア人地球化学者が共同研究者とともに、現代の藍藻類に見られる特定の分子が分解されてできる産物が、西オーストラリア州のピルバラ大陸塊（クラトン）（ショップが調査した場所の近く）にあることを報告した。そうした岩石は今から二七億年前までさかのぼる。藍藻類の起源をめぐる論争はまだ残っているが、分子によるデータからは、この生物が少なくとも二七億年前、たぶんもっと前に進化したということになるらしい。しかし脂質の分析にも疑問は投げかけられている。生物指標化合物には、標本を収集するための掘削作業のときに用いられる油で汚染されているものもある。実際、この分野は堂々巡りになりそうだ。三五億年前の微生物化石の証拠は警戒の目で見られることが多くなっている。これが藍藻類かどうかはわからない。しかし、地球の歴史が始まってから最初の四〇億年ほどは、動物がいた兆しはないということははっきりしている。動物が酸素を必要とし、酸素は藍藻類の進化を必要とするなら、藍藻類がとうとう、地球の大気に影響を及ぼすほどの酸素を生産するようになったのはいつか。まずまずの確度で知られているのは、二三億年前から二四億年前だったということだ。しかしこのことを示す証拠はいささかわかりにくい。

自然界には硫黄の安定した同位体は四種類あり、過去三五億年にわたる岩石中での分布が、地球の大気に酸素が増えた時期を理解する土台となる。硫黄の軽い方の同位体、つまり中性子数が少ないものは、重い方の同位体よりも振動が速い。軽い方の同位体の振動数が高いので、こちらは隣の原子と衝突する頻度も高く、したがって、他の元素と化学結合を形成する可能性が、遅い方の同位体よりも高くなる。二〇〇〇年、ジェームズ・ファークワー、フイミン・ボー、マーク・シーメンスは、質量分析器という、いろいろな同位体の量を精密に測定できる装置を使って、堆積岩中の硫黄の同位体には非常に変わったパターンがあることを示した。オーストラリアで発見された藍藻類の生物指標化合物ホパノイドを含む岩石など、およそ二四億年前より古い岩石では、硫黄の同位体構成はまったくのでたらめになっている。質量で見た同位体の量にはまったくパターンがない。ところが二四億年前から今までになると、同位体の構成は明らかに元素中の中性子の個数に基づいている。つまり、同位体は質量から予想される通りにふるまっているということだ。中性子が多くて重い方の硫黄の同位体は、岩石中の鉱物としては、軽い同位体よりも少ない。二四億年ほど前に何かが起きて、硫黄の同位体の化学結合形成のしかたを変えたのだ。しかしそれが酸素について何をどう教えてくれるのだろう。

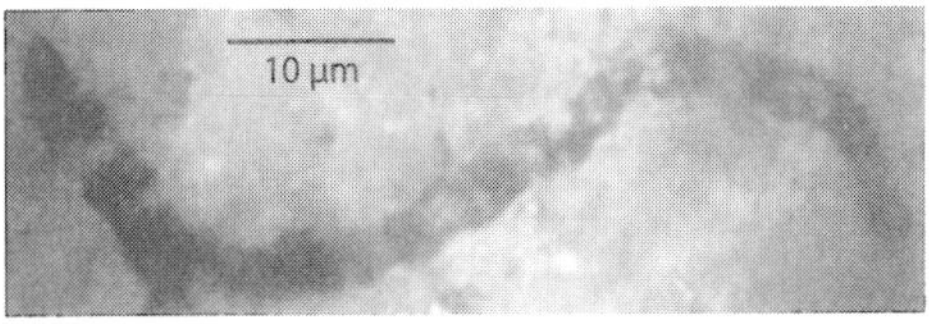

図18　約25億年前にできた南アフリカのガモハーン地層から出た藍藻類（たとえば図17A）の連鎖に似た化石微生物の画像（カリフォルニア大学ロサンジェルス校 J. William Schopf 提供）。

岩石中に見つかる硫黄の大部分は、もともと火山のもので、二酸化硫黄（SO_2）という気体の形をしていた。二酸化硫黄は無色の気体だが、鼻をつく臭いがする。紙用に木材を分解してパルプにするために、硫黄を含む分子が用いられることが多いので、製紙工場の周辺では何キロも先から臭いが感じられる。二酸化硫黄の結合は、太陽から発せられる高エネルギーの紫外線によって切ることができる。紫外線が結合を切るときには、同位体は区別されない。結果として生じる同位体の比率は、当初の物質と変わらない。

紫外線は人間の目には見えないが、過度に被曝（ひばく）すると、皮膚にやけどを負ったり、がんに至るような細胞の変異を引き起こすことがある。太陽からの紫外線の一部は現代の地球の表面まで届くが、たいていは届かない。大気圏上層の成層圏で、別の、酸素原子三個からなる分子の気体に吸収される。その気体をオゾンという。地球で成層圏オゾンを生産する仕組みとして唯一知られているものは、大気圏の自由酸素を必要とする。

岩石中にある硫黄の同位体分布パターンの変化は、二四億年ほど前の成層圏オゾン層の発達として解釈できる。そう説明するには、藍藻類による酸素発生型光合成は、最終的に大気圏での酸素の増加を生んだとしなければならない。硫黄の同位体の記録は、世界が、鍵になる移行を経たことを明らかに示している。二四億年前より前には、大気圏には自由な酸素はほとんどなかったが、二四億年前より後にはそれがあったのだ。地質学者は詩的に（少々芝居がかって）、この移行を大酸化事変と名づけた。この「事変」は一億年、あるいはもう少し長い間に起きた。地球の歴史には特異点があったらしい――つまり、それは一度だけあったということだ。そう結論できるのは、二四億年前から現在の岩石中にある硫黄の同位体は、その同位体の質量に従って規則正しい比率で存在するが、二四億年前以前には、硫黄の同位体の比率はその質量とは無関係だったからだ。この硫黄同位体の解釈からすると、酸素がこの惑星の大気の一部となったのは、二四億年前からだということになるらしい。移行直後の酸素濃度はきわめて低く――おそらく現在の一パーセント程度――動物の進化には十分ではなかった。

地球の大気に酸素を与えるには、光合成するナノマシンの進化以上のものが必要だ。酸素が豊富になるには、光合成するナノマシンを持つ厖大な量の微生物が死んで、その後で岩石に合体しなければならなかった。何億年にもわたる光合成微生物の死が、つまるところ、私たちの存在そのものの道をつけた。明らかな逆説を見よう――酸素が豊富な気体になるには、酸素を作る細胞が死ななければならない。

私たちが今呼吸している酸素を考えよう。地球大気の酸素濃度は、人の一生の間でも、曾祖父母の曾祖父母の曾祖父母の（ともっと多くの曾祖父母を重ねてもいい）一生の間でも変化していない。地球大気の体積のうち二一パーセントを占め、何百万年とは言わなくても、何十万年かの間はきわめて安定している。どうしてそれがわかるのだろう。南極の氷床から掘削した氷のコアにある気体の泡として捉えられた酸素を測ることができて、高い精度と信頼性で、酸素濃度が過去八〇万年にわたって基本的に変化していないことがわかるからだ。その間、地球上のあらゆる藻類と植物すべてによる酸素生産は、すべての動物と微生物の呼吸による酸素消費量と均衡していた。地球大気の酸素濃度が変化するには、何かが光合成と呼吸のつりあいを乱さなければならなかった。

二四億年前には植物も動物もいなかった。実際には、微生物しかなかった。地球上のすべての生命は、基本的に海などの水のある場所に閉じ込められている。光合成をする藍藻類は、酸素を生成するナノマシンとともに、酸素を作るために酸素を作ったのではなかった。酸素は光合成作用の廃棄物だ。生物は水を分解して水素を得て、水素を使って有機物を作る。酸素は酸化した水で、有機物質は実質的に、二酸化炭素と窒素ガスを還元したものだ。有機物質はエネルギーを含むが、糖、アミノ酸、脂質、核酸を作るのにも使える。要するに、生物は有機物質を使って別の細胞を作るのだ。簡単な言葉がないので、私は細胞が作る有機物質を「細胞素材（セルスタッフ）」と呼ぶ。要するに、光合成は自ら水素を二酸化炭素や窒素へ運んで細胞素材を作り、細胞はそれを蓄積して、それによって細胞は最終的に複製できるようになる。呼吸では、生物は有機物質を使って日光なしにエネルギーを作り、他の細胞を作る。呼吸は炭水化物から水素を奪い、それを酸素に加え、廃棄物として水と二酸化炭素を放出する。冷たい窓に息を吐きかけるとき、このことが直観的にわかる──水蒸気が凝結する。呼吸は食物からとった水素を空気中から呼吸して得る酸素に加えて水にする。要するに地球は、光合成によって水分解サイクルを回して酸素を作り、呼吸によって水の生産を行なうのだ。

酸素が大気圏に大量に蓄積されるには、光合成微生物によって生産される細胞素材の一部が呼吸する微生物から隠されなければならない。それは子どもからキャンディを隠そうとするのに似ている。キャンディを隠したければ、子どもには見つからない隠し場所を見つけなければならない。キャンディを隠す場所は、暗いクローゼットの奥のいちばん上の棚の手の届かないところへ置くことだ。地球の暗いクローゼットの奥と言えば、岩石の中ということになる。微生物が岩石中の有機物質を使って呼吸するのには苦労する──だからそんなことはしないというわけではないが。

藍藻類などのごくわずかな数の植物プランクトンは、海底に沈む。海底へ移る実際の比率は、海の深さによって変動する。海が深いほど、底に達する比率は小さくなる。今の海では、およそ一〇〇〇メートル以上の深さの水中では、底まで達する有機炭素はほとんどない。現代の深海には、有機炭素はたまっていないということだ。ずば抜けて重要な貯蔵領域は、浅海と大陸沿岸沿いにある。しかしそこでさえ、植物プランクトンによって作られる有機物質のうち、海底に達するのは平均して一パーセント未満であり、その後、そのうちの一パーセントが堆積物に埋もれる。つまり、実際に埋もれるのは有機物質の〇・〇一パーセント未満ということだが、この小さな比率も、何億年もたてば、地球規模で見ると相当の量になる。死んだ生物からの細胞素材は堆積物に混じり、古い堆積物の上に新しい堆積物が重なり、死んだ微生物の体の部分が分解されて、押し込まれ、加熱されて、最後には堆積岩――陸上の他の岩石の浸蝕に由来する岩石――に合体する。堆積岩のうち、有機物質を含む一部が、その後隆起して大陸となり、山をなす。埋没しなければ、有機物質は呼吸で使われ、酸素はほとんどあるいはまったく蓄積されない。有機物質が大陸に押し上げられなければ、有機物質は地殻変動の作用で地球内部にもぐり込み、加熱され、火山から二酸化炭素として大気に戻る――酸素はほとんどあるいはまったく蓄積されない。大陸に保存された堆積岩の中に有機物質が徐々にたまるにつれて、大気中の酸素濃度が徐々に上がる。長い時間はかかるが、この過程がなければ、私たちが酸素を呼吸することもない。

大酸化事変をめぐる奇妙な問題の一つは、なぜそうなるのにそれほど時間がかかったのかということだ――あるいはそもそも時間がかかったのだろうか。水を分解できるものすごく精巧なナノマシンが、二四億年前の直前に進化した藍藻類で進化したとすると、それは一億年以内で地球を変えた。ところが、化石記録からうかがえるように、もっと以前に進化しているのなら、酸素が地球大気の無視できない成分になるのに、なぜさらに何億年もかかったのか。答えはわかりにくく、これまでの説明にはすべて異論がある。

長い間、私は藍藻類の進化と大気中の酸素増加との数億年のずれは、二五億年以上前、始生代の海での酸素と鉄や硫黄との反応のせいだと思っていた。酸素は地殻では最も豊富な元素だが、自由な気体としてはそれほど多くない。酸素は相手かまわず反応し、単独でいることは好まない。非常に反応性の高い分子で、多くの金属など他の元素と化学的に結合する。空気をたっぷり含んだ水に何日か釘を入れておけば、錆ができる。これは鉄と酸素が結合した酸化鉄だ。三〇億年前、海には大量の鉄が溶けていて、酸素を分解するナノマシンが進化してから数億年で、酸化鉄（錆）が海のあちこちで析出した。酸素と鉄の反応は、二〇億年近くの間進行し、これには生物学的な介入はまったく必要なかった。鉄は微生物がいてもいなくても錆びるもので、必要なのは酸素と水だけだ。鉄の酸化で酸素が消費されたが、概算では、この過程だけでは大気中の酸素量増加を数億年もの間抑止することはできないらしい。他にも何かが酸素の蓄積を妨げなければならなかった。

酸素の生産は、微生物に新しい代謝経路が進化する機会を生んだ。この新しい機会から、他のいくつかの元素、とくに硫黄と窒素の分布と濃度に変化が生じた。酸素が生産される前には、海洋中の硫黄のほとんどは腐った卵の臭いがする気体、硫化水素の形をとっていて、これは深海の火山、熱水噴出口と呼ばれるところから供給されていたし、今も供給されている。この噴出口から流れ出る水はきわめて熱い。三〇〇℃にもなり、硫化物と鉄を大量に含み、これが冷えると、金と見紛う黄鉄鉱による鉱物でできた煙突を作る。酸素がある中で、一部の微生物は、硫化水素から水素を得て、それを使って二酸化炭素を固定して有機分子を作れるようにする新たなナノマシン群を進化させた。酸素は、噴出口から出て来る電子が余っている液体や気体と、噴出口付近の電子に乏しい気体、つまり酸素などの海水に含まれる分子との間に電気勾配をもたらす。この電気勾配は、新種の代謝のための駆動力をもたらした。黒海にいるような光合成緑色硫黄細菌とは違い、こちらの熱水噴出口にいる硫化物酸化細菌は、太陽のエネルギーを直接には使わず硫化水素を分解する。その炭素固定の仕組みは、藍藻類に見られるものとほとんど同じだが、代謝の革新（イノベーション）で、化学的自己栄養（化学的に自分に栄養を与えること）と呼ばれ、炭素固定が暗い深海で生じるようにするが、酸素については、海の何百メートル、何千メートル上の、日の当た

図19　約1億8500万年前にできた黒色頁岩層の断面写真。この時期（ジュラ紀前期）には、海の生産が非常に高まり、その結果、堆積物への炭素の埋没も増えた（Bas van de Schootbrugge 提供）。

る部分にいる藍藻類によって生産されればこそだ。

基本的な考え方はこうなる。水中で起きるように、水素が直接に酸素と結合するなら、水素をはがすのに多量のエネルギーがかかる。生物学的に水素をはがすのに使える唯一のエネルギー源は、太陽の可視光の部分にある。硫黄と結合した水素は水からはがすよりもずっとはがしやすい。硫化水素から水素を引き離すのに必要なエネルギーは水の場合の一〇パーセントほどですむが、酸素が存在すると、硫黄は微生物によって硫酸基、つまり硫黄の原子が四個の酸素原子と結合したものになる。

微生物による硫化水素の酸化は、酸素濃度上昇時期のずれを説明する鍵を握る反応なのだろうか。長い間、私はそれはありうると思っていた。ところが、古代の海への硫黄の供給についてもう少しわかるようになり、単純な計算を行なうと、それが酸素濃度上昇の遅れた主な原因である可能性はますます低くなるようだった。酸素濃度の上昇は、すべての鉄を錆に変えて、すべての硫黄分を硫酸基に酸化できただろうが、酸素が大気中で豊富になるのには三億年あるいはそれ以上かかるはずはなかった。何かが間違っていた。あらためて、黒海での実験が手がかりをくれた。

黒海には、水深によって酸素が存在せず硫化水素が豊富になるところがある。黒海の化学的構造のこの移行が地球の化学的構造と酸素濃度上昇を反映していることを理解するには何年かがかかった。黒海の深海の水がわずか一五〇〇年前のものだとしても、微生物の代謝の様子は、酸素を発生する上層の水から深海の水にかけて移り変わる。まるで、大酸化事変の時代に戻ったかのようだった。

地球で最も豊富にある気体は窒素だが、それは化学的に非常に安定した形をとっている。地球の大気にある窒素ガスは、二つの窒素原子でできていて、三重の化学結合で結びついている。酸素とは違い、窒素ガス（N_2）はほとんど不活性だ。地球の大気に窒素しかなかったら、歩道に落ちた新聞紙が黄色く変色して分解されることもなく、鉄は錆びず、ろうそくは燃えないことになる。しかしそんな安定した窒素にもいくらかの水素が加えられなければ、地球に生命は存在しないだろう。窒素が水素と結びつかなければ、微生物がアミノ酸や核酸を作ることができないからだ。幸い、微生物は水素を窒素に付加できるが、それには大量のエネルギーが要る。

私は、窒素循環が全面的に微生物の活動に依存していて、硫黄の循環とほぼぴったり同じふるまい方をすることに気づいた。窒素は、タンパク質など、細胞が必要とする重要な分子を作るのに必要とされる。しかし窒素を細胞に届けるには、生物はそれを環境からイオンとして獲得するか、どうにかして大気中のガスを化学的に変化させるかしなければならない。地球上に酸素が気体として存在するずっと前から、複雑できわめて古いナノマシン、ニトロゲナーゼと呼ばれる酵素の助けを借りて、大気中の（あるいは水に溶けた）窒素に水素を付加できる微生物が進化していた。その反応の産物は、アンモニウムイオンだ。アンモニウムイオンでは、窒素原子一個に四個の水素原子が結合している（NH_4^+）。酸素がないところでは、アンモニウムイオンはきわめて安定しているが、酸素が使えるようになると、微生物は、アンモニウムイオンから水素をはぎ取り、その水素を使って、太陽のエネルギーを使わなくても二酸化炭素を有機物質に変えることができる装置群を進化させた。深海にいる同類の微生物と同様、この微生物も化学的自己栄養生物で、電子が余っている分子、アンモニウムイオンと、電子が足りない分子、酸素との電気勾配を使って成長する。このアンモニウムを酸化する微生物は、環境に自由酸素が存在しないと生きていけない。その反応の産物は、酸素を含む窒素、とくに窒素原子一個が酸素原子三個と結びついている硝酸イオン（NO_3^-）の形をしている。硫黄の場合と同様、酸素がないときには別の微生物が硝酸イオンを呼吸に使うことができるが、硫黄の場合とは違い、硝酸イオンによる無酸素呼吸は、水素が窒素につくアンモニウムイオンのような分子の形成にはならない。むしろ窒素ガスを生産することになる。

黒海の窒素化合物を見ると、上層の酸素のある水の領域では硝酸イオンが豊富で、アンモニウムイオンはないことが明らかに見てとれる。しかし、深いところ、酸素がなく、硫化水素が豊富なところでは、窒素が固定されたものと言えばアンモニウムイオンの形のものだけになる。しかし黒海の酸素と硫化水素の垂直分布を注意深く検討すると、私はちょっと待てよと思った。酸素がだんだん乏しくなり、硫化水素がほとんどないところには、硝酸イオンもアンモニウムイオンもほとんどない。そこでは微生物は非常に生きにくい。太古の海で酸素を生成した藍藻類は、他の微生物が呼吸で窒素酸化物を使うことができるようにするのを助けただろうが、硫黄循環とは違い、窒素による呼吸反応の産物は硫酸イオンのようなイオンではなかった——二つの気体であり、それは大気へ戻って行った。窒素循環は、すべて微生物によって動かされ、地球が長期的に酸素を保持するのを妨げた。実際、ラトガース大学での共同研究者、とくにリンダ・ゴドフリーとの研究からすると、大酸化事変の前、少なくとも三億年は、藍藻類は酸素を生産していたが、酸素は結局他の微生物に使われて、アンモニウムイオンを硝酸イオンに変え、さらに窒素ガスにして、海は固定された窒素を失う結果となるらしい。固定された窒素がなければ、植物プランクトンは細胞素材を作れないので、有機炭素は簡単にはできない。有機炭素が簡単にできないのなら、それは埋もれることもありえない。有機炭素が埋もれなければ、酸素は大気にたまることもで

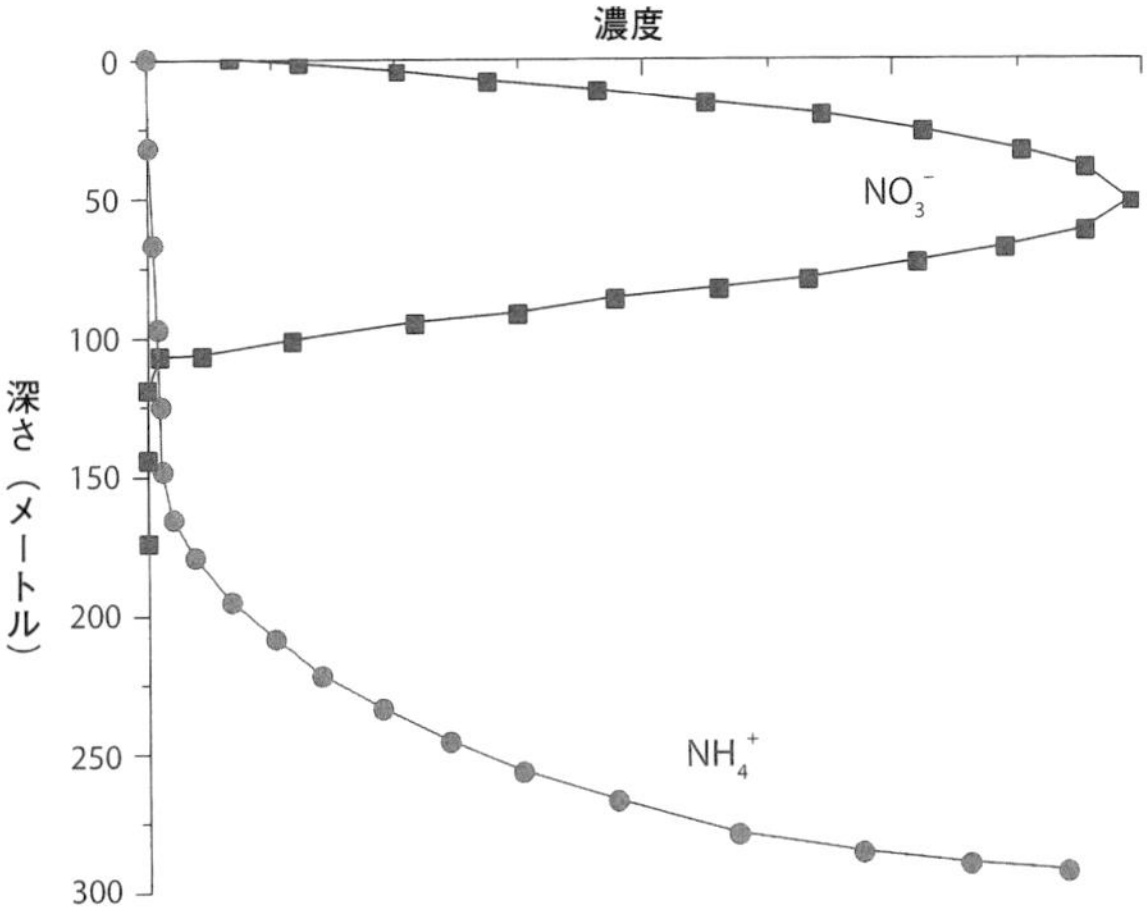

図 20　黒海における、窒素の２種類の、硝酸イオン（NO_3^-）とアンモニウムイオン（NH_4^+）の垂直分布。酸素がほとんどなくなるところ（図１）では、この両形の窒素はきわめて少なくなる点に注目のこと。

きない。結局、太古の海の微生物系全体が、無酸素にとどまる自然のフィードバックによって調整されているように見える。生命はほぼ確実に、無酸素の状況で進化し、微生物の代謝は地球の歴史の最初の半分を無酸素に保っていたらしい。どこかでN_2とN_2O（亜酸化窒素、または笑気ガス）が生産されていた。しかし、どちらのガスも二四億年前頃に海を脱出して、藍藻類の酸素生産が最終的に他の微生物によるこのガスの消費を上回り、大気はとうとう酸素化されるようになった。たぶん驚くべきことに、私たちは実は、それがどのように起きたか、確かには知らない。

大気圏に酸素を含むこの地球の進化は、つまるところ、太陽エネルギーを利用して水を分解するナノマシンが、何億年もの進化での革新によって発明されるに至ることだった。しかし酸素濃度の上昇は、多くの微生物そのものの進化に対する深甚な影響も及ぼした。

酸素は反応性の高いガスで、水素を呼吸に入れるには、驚異であるとともに危険でもある。驚異だというのは、水素と酸素の反応から大量のエネルギーを引き出せるからだ。実際、水素と酸素の混合気体にマッチで火をつければ、激しい爆発が生じる。この二種類のガスこそ、文字どおりロケット燃料になる。酸素のある世界は高エネルギーの世界だ。呼吸のために酸素を利用できた微生物は、呼吸機構に比較的小さな変更を加えなければならなかった。細胞素材の呼吸から出る水素と結びつくとき、細胞が文字どおり燃えるほど酸素と乱暴に反応しないようにするためである。反応の制御には、別のナノマシンの進化が必要だった。電子と陽子の対を、計ったように酸素と組み合わせるものだ。反応のエネルギーは巨大で、そこから微生物は、呼吸に使う糖の分子一個について、古代の嫌気性呼吸方式と比べると一八倍ものATPを生成できる。私たちはまさしくこの過程を、細胞内動力発生ナノマシン——ミトコンドリア——で採用した。酸素の生産は、文字どおり生命のエンジンのターボチャージャーを生んだ。

ナノマシンの進化は、地球上の生命を今日までもたせる元素の循環が発達する要でもあった。地球内部の奥深くで元素が放射性崩壊することによって生成される熱のせいで、生命に必須の元素は、火山、岩石の風化、微生物の体の一部の埋没から放出されるガスで継続的に補充される。この過程は、四五億五〇〇〇万年前の地球形成のとき以来進行していて、これから先も何十億年か続くだろう。しかし、微生物ナノマシンの進化とその後の酸素濃度の上昇は、こうした元素の惑星規模での循環のしかたを変え

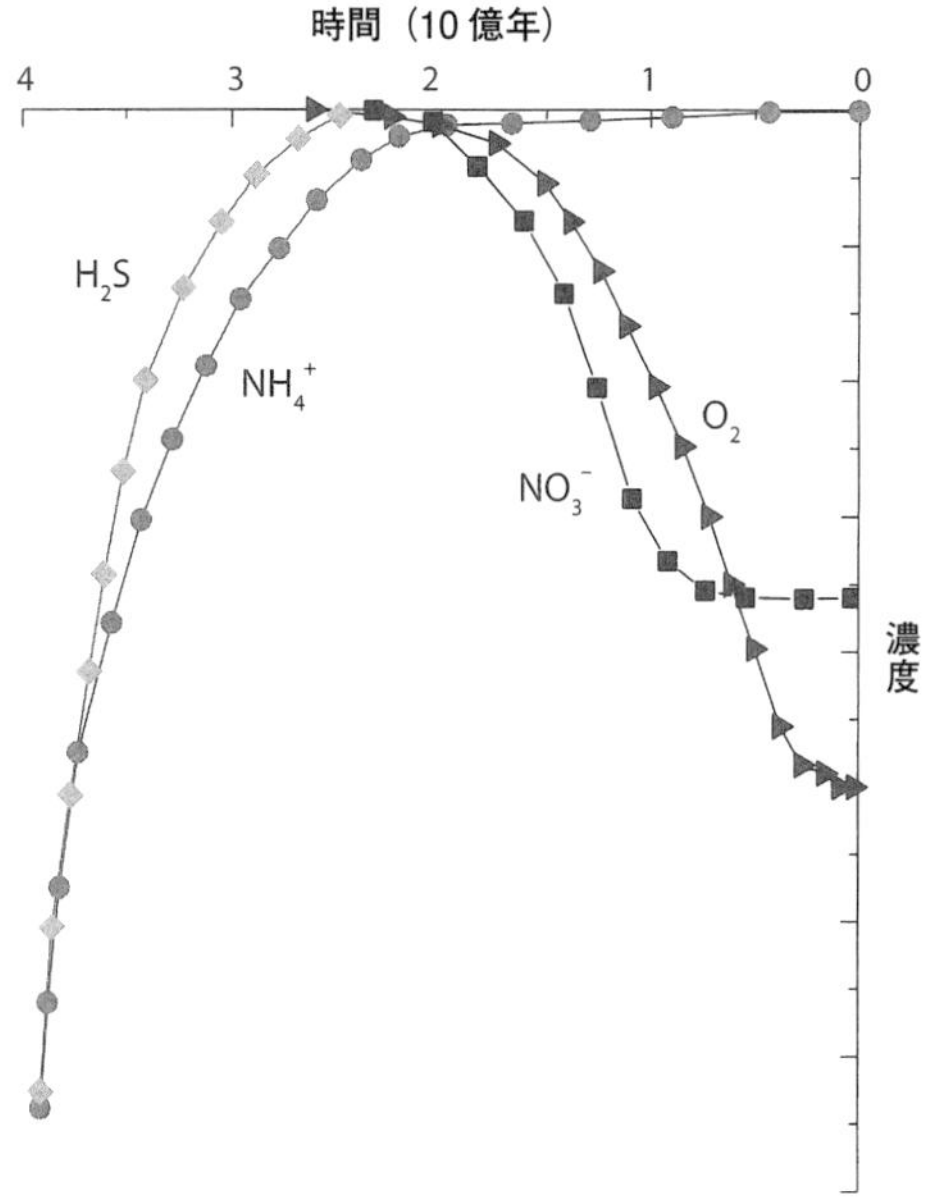

図21　酸素、窒素、硫化水素の垂直分布を横に寝かせると、約24億年前の大酸化事変に先だって、大気と海洋に酸素が増えた後、海洋の化学的構造がどのように変化したかを想像できる〔濃度は下の方が高い〕。

た。具体的には、微生物ナノマシンの進化によって、惑星中の生物が、その内部の機構を介して、巨大な電子回路に接続されるようになる。この回路は主として、水素を主要な元素のうちの四つ、炭素、窒素、酸素、硫黄を行き来させる輸送に基づいている。

　生物どうしの代謝を接続するには、何種類かの「電線」が必要で、地球上の主な二つの「電線」は海と大気だ。その仕組みを見るには、席を離れてどこかへ行く必要もない。

　深呼吸してみよう。今吸い込んだ酸素は今いる部屋でできたものではない。太陽のエネルギーを金属酸化物に巨大な拡大鏡で集めるような巨人がいるわけでもなければ、私たちが自分で藻類の培養器を背負って運んでいるわけでもない。私たちは、身近に光合成する植物がなくても、冬にも酸素を呼吸する。私たちが呼吸する酸素は、たぶん、一〇〇万年前に作られて、大気圏のおかげで遠くから運ばれてきたものだ。遠い昔、植物や植物プランクトンが、地球のどこかで、私とあなたが呼吸している酸素を生み出した。私たちは見知らぬ存在の親切によって生きている。しかし呼吸は二酸化炭素と水を生む——非常に弱い炭酸水（セルツァー）だ（これもプリーストリーが発明した）。私たちが吐き出す二酸化炭素は植物プランクトンや植物が使って、地球の別のところでさらに植物や植物プランクトンを作る。

　海は地球の代謝も接続する。海の中での流れは窒素酸化物を表面に運び、そこで植物プランクトンがそれを消費して新しい細胞を作り、その一部が海底深く沈み、海の深部にいる微生物などの生命にとっての餌となりエネルギーとなる。海は相互に接続する巨大な流体で、地球規模で循環するので、深海の水が大気からの酸素を得る。二つの大きな海域、グリーンランド沖の北大西洋と南極海では、それぞれの冬の間に非常に冷たい水の塊ができる。冷たい水は密度が高く、沈み込む傾向がある。水の密度が最

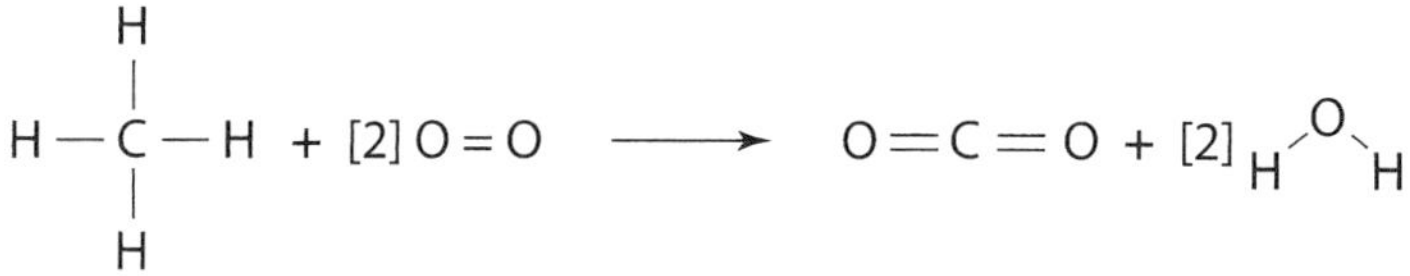

図22　メタン（CH_4）と二酸化炭素（CO_2）の違いを示す図。どちらの分子も、無色で匂いのないガス。酸素があるところでは、メタンは大気圏で、あるいは微生物によって、CO_2と水に変換される。

大になるのは水温が四℃のときだ。水は冷たいほど酸素を吸収できる。冷たく、密度が高く、酸素が豊富な水は、ゆっくりと動く「ベルトコンベア」で、大西洋から太平洋を越えてインド洋まで、またその逆というふうに、海全体に酸素を運ぶ。往復運動は一〇〇〇年ほどかかる。そのベルトコンベアによって、海の深部にいる微生物が硫酸イオンやアンモニウムイオンを使い、何百万年も前に、はるか遠くのどこかでできた酸素に基づいて、炭素を固定できるようになる。やっと酸素が使えるようになり、硫黄、窒素、炭素の生物学的な循環に加わると、それは地球気候の大変化と、もしかすると地球で最初の大量絶滅に関与した可能性がある。

大酸化事変からおよそ二億年後に、世界の何か所かに巨大な氷床ができて、それがおよそ三億年続いたことを示す説得力のある証拠がある。これは地球の歴史で最長の、たぶん範囲も最大級の氷河期だった。氷は陸上だけでなく、海全体にも広がり、赤道地方も氷に覆われたかもしれない。いわゆる全球凍結（スノーボール・アース）だ〔字義的には「雪玉地球」〕。そのような気候大変動を引き起こしたものは何か。

この気候変動に考えられる原因の一つは、大気中の酸素の蓄積だった。地球内部が放射能で熱せられる一方で、地球表面は太陽に温められる。太陽からの放射は、結局は反射されて宇宙に戻るが、一部は地球大気の気体による毛布に捉えられる。現時点では、熱をためるガスとしていちばん重要なものは水蒸気と二酸化炭素だ。実は、大気圏にこうした温室効果ガスがなかったら、地球の海は凍結するだろう。しかし二四億年前には状況はもっと極端だった。当時の太陽は、今と比べると二五パーセントほど暗かった。つまり熱を出す量が少なかったということだ。海が表面で液体であるためには、温室効果ガスが豊富にあって、太陽エネルギーを、とくに赤外放射の部分をよく吸収しなければならなかった——赤外線は私たちの目には見えないが、皮膚で感じるタイプのエネルギーだ。つまり、赤外線が熱なのだ。この赤外線を効率よく吸収するガスの一つがメタンである。

　現在では、メタンは温室効果ガスとしては比較的マイナーだが、二四億年前には、それがもっと豊富にあったことはほぼ確実だ。メタンは非常に単純な気体で、一個の炭素原子に四個の水素原子が結合してできている（CH_4）。酸素があるときわめて効率的に燃える。これは化学結合として蓄えられているエネルギーが多いということだ。メタンは厳格に嫌気的な状況下にある一部の微生物による呼吸の産物として作られる。つまり、酸素が使えない場合には、一部の微生物が特殊なナノマシンを使って、糖などの有機分子から得た水素を二酸化炭素につなげてメタンにすることができる。この微生物が古細菌——ウーズとフォックスが発見した、原核生物のなかでは二番めに大きなグループである。メタンを生産する微生物にあるナノマシン群は酸素に対して非常に敏感で、酸素の濃度がわずかでも、この微生物によるメタン生産が実質的に停止する。メタン生成微生物は今日、牛など反芻（はんすう）する動物の腸など、いろいろなところであたりまえに見つかっている。人間のうち約四〇パーセントにもある。しかし二四億年前には、世界中の沿岸水域にこの生物がきわめて豊富にいただろう。

他の何種類かの生物は、酸素があっても、細胞を成長させるために、メタンをエネルギー源として使うことができる。微生物によるメタン消費は、このガスを分解する高速で効率的な手段の一つだ。その能力が進化してしまえば、メタンを分解する機構で、海から大気へのメタンの流れは大きく低下したにちがいない。そして大気圏の酸素は日光の助けも借りて大気中のメタンを分解した。赤外線――熱――を吸収する主要な気体がなくなり、まだ若い、光の弱い太陽は、海が凍らないようにしておけるだけの熱を提供できなかった。その結果、海面全体で氷や融けかけた氷ができて、光合成する微生物が成長できる面積を減らしたのはほぼ確実で、同時に海と大気圏とのガス交換を妨げただろう。地質学的な記録からは、冷たく住み心地の良くない海が長く続く時期が何度かあったことがうかがえる。藍藻類を微生物のボルシェヴィキと呼んだカーシュヴィンクは、さらに気まぐれに、海全体を地球規模の氷床が覆った状況を、「スノーボール・アース」と名づけた。この筋書きが正しければ、それは地質学の歴史の中で初めて微生物が地球の気候を完全に変えた例だった。

全球凍結の状態は何度か起きたらしい。最後の回は七億五〇〇〇万年ほど前だった。信じがたいことに、あらゆる基本的ナノマシンを作るための指令は、生き残ったわずかな数の微生物に伝えられていたらしい。そうした生物が先駆けとなって、地球規模の破壊による広大な間隙を超えて生命を伝えた。

第6章　コア遺伝子を守る

地球上の生命は不安定で、必然的に移ろうが、それでもものすごく長続きしている。ときおり、どんな生物の力も及ばない破局的な出来事のせいで種が大量に失われることがある。過去五億五〇〇〇万年の化石記録からは、海の生物には少なくとも五回の大量絶滅があったことが明らかだ。その原因は、一つの例外を除いてほとんどわかっていない。例外の方は六五〇〇万年前の絶滅で、これはほぼ確実に、今のメキシコ、ユカタン半島沖に、巨大隕石が衝突したことによる。その日は恐竜と多くの植物にとっては災厄の日となった。しかし微生物はそのときの絶滅を軽々と生き延びた。地球の歴史の広大な時代にわたるそれまでの他の絶滅のときもそうだった。自然はどのようにして、コアとなるナノマシン製造のための指示書が、厖大な数の動植物を殺すような極端な衝撃をしのげるようにするのだろう。

コアとなるナノマシンを複製するための指示書は遺伝子の形で書かれている。遺伝子は、四種類のデオキシリボ核酸分子からなる配列の集合で、すべての生物が、タンパク質を作るための指示書としてこれを使っている。細菌のような原核生物では、数百万個のデオキシリボ核酸が並んで一個の大きな環状の分子をなし、そこに何千種類というタンパク質を作るための指示が収められている。一方、タンパク質の方は、二〇種類のアミノ酸が特定の順番で並んだものだ。タンパク質を作る二〇種類のアミノ酸は、地球上の生物すべてに見られる。

特定の順番に並ぶ三つ一組のデオキシリボ核酸が特定のアミノ酸に対応し、それが何組か並んで、おなじみのナノマシン、リボソームでタンパク質を作る。そのタンパク質は、生物がエネルギーを生成し、複製するためのナノマシンを作るために使われる。細胞の複製は遺伝子の複製に依存していて、遺伝子の複製は、生物がエネルギーを生み出して生き延び、成長する能力に依存している。

遺伝情報が受け継がれるという基本的な発見は、オーストリアの修道士で、二万九〇〇〇個におよぶエンドウマメの花や種子の色、さやの形などに見られるパターンを調べた、グレゴール・メンデルによるとされる。その成果は、ダーウィンが『種の起源』の初版を出してから六年後に発表された。ダーウィンは遺伝子について知りようがなかったのは明らかだ。実は、メンデルの成果は、二〇世紀の初頭になってやっと、イギリスの生物学者ウィリアム・ベイトソンによって再発見され、日の当たるところへ出て来るまでは、ほとんど知られていなかった。遺伝学（ジェネティックス）という言葉を考えたのもベイトソンだ。ベイトソン自身は遺伝情報がどのようにして世代から世代へと伝わるのかは知らなかったが、メンデルの成果に基づいて、つがいの子には予想できる基本的パターンがあることを認識していた。タンパク質の作り方、パターンの定め方についての指示を伝えることに核酸が関与していることがわかったのは、二〇世紀後半になってからのことだった。

ダーウィンの大きな「アハ！」の瞬間の一つが、生物種の内部に、選択して交配できる自然なばらつきがあることに気づいたことだった。たとえば、人間は犬の自然に生じるばらつきを利用して、新しい形質を備えた新しい品種を交配してきたが、それでも犬は犬だった。人間が犬や馬や鳩についてできるのなら、自然にできないことがあろうか。当時、種について明瞭な定義があった。種とは、動植物の間で（当時はそれですべてだった）、有性生殖によって、存続可能な（ヴァイアブル）――つまりやはり有性生殖可能な――子をなせる範囲の生物である。鳩は他の鳩と交配させられると存続可能な子孫を作れるが、鳩と鷲の雑種は、もしできたとしても、生殖はできないだろう。雄のロバと雌の馬の交雑により、ラバが生まれるが、これは子を作れない。鳩と鷲、馬とロバは別の、それぞれに特定される種である。

種の中でのばらつきは、種の中での競争によって淘汰され、それが徐々に進行すると、同じ先祖の子孫どうしでも交配して存続可能な子をなすことができないほど変化するに至るのだと、ダーウィンは説いた。この概念――変化を伴う継承に淘汰と種分化が続く――が、ダーウィン進化論の理論的な基礎をなしている。遺伝子が親から子へ、つまり継承によって送られるというのは、「垂直」継承の考え方である。主として性的組換えを通じて生殖する生物では、そうして遺伝子を伝える。しかしこれは、時間に切り開かれる長い道を遺伝子が伝わる唯一の方式ではない。とくに微生物の場合にはそうだ。微生物の進化の話や、ナノマシンの伝わり方の話に進む前に、そもそも種の中になぜばらつきができるのかという問題を見ておこう。ばらつきがなければ、私たちが知っているような進化もありえないからだ。

遺伝子を複製する過程では、ときどき細胞がミスをして、遺伝子の複製がオリジナルとはわずかに違うことがある。本を写していた修道士と同じで、間違いのほとんどは、複製を行なう間に核酸の配列という「つづり」が変わることだ。ＤＮＡには、アデニン、グアニン、シトシン、チミンという四種類の核酸があり、それぞれＡ、Ｇ、Ｃ、Ｔと略記される。ＤＮＡは二本の糸でできていて、一方の糸のＴにはもう一本のAが対応する。同様に、一方のCにはもう一方のGが対応する。ところが、たとえば高レベルの紫外線が存在したりすると、紫外線の高いエネルギーによって、一方のTに対して、相手の糸でAが対応せず、手近にあるTが対応させられる確率が平均より高くなる。その突然変異が修復されなければ、生物はそれをそのまま伝えることになる。

他にもいろいろな形で核酸の突然変異が生じ、その間違いの大半は大したことはなく、細胞が成長し、複製する能力を根本から変えることはない。先に述べたように、この種の誤り（中立変異）はばらつきにはなるが、生物にとっては有利にも不利にもならない。青い眼の人も緑の眼の人もいれば、髪の毛が縮れている人も直毛の人もいる。鼻が高い人も低い人もいる。こうしたばらつきは、人間の生殖に対してほとんど、あるいはまったく影響がなく、集団内を伝わる遺伝子の小さな「間違い」、あるいはばらつきのせいで、ただそこにあるだけとなる。そもそも、中立変異は生物が生殖して存続可能な子孫を生み出す能力に影響しない。その突然変異は世代から世代へと伝えられるだけだ。

しかしながら、有害になりうる間違いもある。人間の場合、一個のヌクレオチドが突然変異するだけで、嚢胞（のうほう）性線維症、血友病、テイ＝サックス症のような、重大な、場合によっては致死的な病気になりうる場合がいくつもある。そのような遺伝子を持っている人は、生殖年齢に達することはほとんどないし、達したとしても生殖はできない場合が多い。微生物の場合にも、そのような一個のヌクレオチドの突然変異（点突然変異という）で、たとえば細胞がタンパク質を作れない、呼吸ができない、ATPを効率的に作れないということになって、その結果、その生物が死んだり絶滅したりすることになる。そういう突然変異は次の世代には伝わらない。

ヌクレオチドの点突然変異以外の間違いもいくつかある。生物はときどき、間違って遺伝子を二重に直列させることがあり、これは「縦列反復」と呼ばれ、タンパク質が二つだぶってつながったものを生む。分子レベルでの結合双生児のような過程だ。さらには、遺伝子の一部が他の遺伝子の途中、あるいは端に挿入されることがある。その結果、できるタンパク質の長さが変化するが、機構の肝心なところが機能するなら、この新しいタンパク質に対応する遺伝子は維持される。この種の突然変異によって、その遺伝子に対応する機能が新しくなる場合も多い。

間違いは、すべての生物のすべての遺伝子に、絶えず自然発生的に生じていて、場合によっては利益になることもある。間違うことによって、エネルギーの獲得や、棲息地の拡張などの点で他の生物を上回り、しかも存続可能な子ができるなら、「選択有利性」を得たと言われる。多くの遺伝子が、突然変異によって、どこまで多様になれるかを探っているように見える。つまり、多種多様な遺伝子のうち多くが、それに当の生物にとって有利なところがあるなら、あるいは少なくとも害はないなら、首尾よく世代から世代へと伝えられて、維持されるということだ。

こうした絶えず生じるランダムな間違いが、遺伝子に厖大な多様性をもたらし、その多様性のほとんどすべてが微生物にある。地球上には、どの時点で見ても、およそ一、〇〇〇、〇〇〇、〇〇〇、〇〇〇、〇〇〇、〇〇〇、〇〇〇、〇〇〇（10^{24}）個の微生物が生きている。厖大な数の自己複製する生物がいるということだ。こんなふうに見ることもできる。現存の（生きている）微生物の数は、見える範囲にある宇宙にある星の数の約一〇万倍に相当する。それぞれの微生物にはおよそ一万の遺伝子がある。人類は、遺伝子配列決定技術と計算機による検索によって、自然にある二五〇〇万種の遺伝子を特定していて、毎年そこに何百万も加わっている。地球にどれだけの遺伝子があるか、実はわかっていないし、遺伝子はつねに変化しているので、その数は知りようもないかもしれない。遺伝子の数を査定するのは、毎日地上に降る雨粒の数を数えようとするようなものだ。まずまずの推定では、遺伝子の種類は六〇〇〇万から一億といったところだろう。

特定された中で約四〇パーセントの遺伝子については機能がわかっていない。それが何らかの生物の中に残されているということは、ほぼ確実に、その遺伝子が何らかの形で仕事をしていることを意味する——ただ、何をどうしているのかがわかっていない。残りの六〇パーセントは、何らかの生物で具体的な形で機能していることが確認された遺伝子からの類推に基づいて、機能を想定されている。古典的なダーウィン流の淘汰の説では、どの遺伝子も時間を経てランダムな突然変異を起こし、その遺伝子を持つ生物がもっと効率的に資源を得たり生殖したりできるような機能を最適化する。しかし実際にはまったくそんなことはない。

すべての遺伝子が平等に作られているわけではない。遺伝子はたいてい突然変異し、時間をかけてゆっくりと変化し、生物ごとにばらつくが、枢要なナノマシンの非常に特殊な成分に対応する遺伝子は、ほとんど変化しない。たとえば光合成生物では、その機構の中核となる構造をなすいろいろなタンパク質は、互いに適合して協同しなければならず、他の成分を特定の位置や向きに保持していなければならない。でないと当の機構が機能しない。この機構の核となる構造を構成するタンパク質は、それぞれ特定の遺伝子によって表される。こうした遺伝子を細かく調べると、そうした遺伝子は、現存する最古の酸素を発生する光合成生物であるシアノバクテリアから、最も新しく登場した陸上の植物まで、ほとんどど同じであることがわかる。実は、D1と呼ばれる、水を分解する光合成の反応中心にある主要なタンパク質の一つは、酸素を生産する光合成生物全体を通じて八六パーセントは同じものだ。だからといって、D1を表す遺伝子が複写されるときに間違いがないということではなく、そのわずかに生じる間違いは、突然変異遺伝子を引き継いだ生物にとっては致命的な結果を生むことが多いということだ。こうしたナノマシンを表す遺伝子にばらつきがないということは、そのタンパク質は、すべての部品がきわめて正確に合うように精密にできていなければならないという絶対の必要があることを表している。そうでなければ、装置がきちんと機能しないのだ。

コアとなる装置の構造部品をなすタンパク質の多くは、やはりばらつきが小さい。そうしたタンパク質には、呼吸、タンパク質合成、ＡＴＰ作り、窒素固定、メタン生産といった機能にかかわるものが含まれる。私の推定では、自然界のすべてのナノマシンの合成に必要なコア遺伝子は、一五〇〇ほどしかない。それがすべて、微生物にある。この推定は少々控えめかもしれない――しかし一〇倍の誤差があるとしても、生命にとって生死にかかわる情報を備えているのは、六〇〇〇万から一億種類ある遺伝子のうち、〇・〇〇一五パーセントから〇・〇二五パーセントしかないということだ。他の九九・九八パーセントの遺伝子は、個々の生物個別の機能にかかわっている。遺伝子のうち九九・九八パーセントの大多数は一過性のものだ――何らかの集団で進化して新しい機能を得るかもしれないが、生物が時間を経るとともに、別の集団では消えたり、あるいは中立的なものに変わってもよい。それでも、コア遺伝子を失ったり、大きく変えたりすることはできない。そんなことになったら滅びるだけだろう。コア遺伝子の喪失は、代替機構が比較的短期に進化しなければ、地球上のどこにいても、鍵になるいくつかの元素の流れを止めてしまう可能性が高い。

コアになるナノマシンの部品を表す遺伝子は高度に維持されるので、私はそうした遺伝子を、「凍結代謝偶発事態」と呼ぶ。こうした遺伝子は別の目的で、あるいはまったく異なる環境条件の下で進化したかもしれないが、微生物の世代から世代へ、微生物から微生物へ、ほとんど変化せずに伝わってきた。必ずしも完璧な装置ではなくても動作している。そして自然は、コアとなる装置が完璧でなくても、それを符号化する遺伝子を保持するための仕組みもいくつか進化させた。

自然での進化や最適化については誤解が多い。要点は、自然淘汰は何億年も動作しているうちに、生物の生存と生殖能力にとって欠かせない過程を最適化するところにある。ここで三種類のナノマシンについて、基本的な趣向がどう実現するかを調べてみよう。

酸素を生産する光合成生物すべての反応中心にあるD1タンパク質は、水を分解して有機物質を作ることができない紅色非硫黄光合成細菌に見られるほとんど同じタンパク質に由来する。紅色細菌は、酸素がないとき、その場合にかぎり、光合成を行なうが、電子と陽子の元として使うのは水素あるいは炭水化物だ。この細菌にある、D1タンパク質の進化上の先祖はきわめて安定しているが、酸素を生産する光合成生物では、このタンパク質は一万個ほどの電子を処理した後、壊れる。「壊れる」とは、機能を停止するだけでなく、文字どおりばらばらになるということだ。実質的には三〇分ほどかかる。

この問題にはどんな答えがあるだろう。水を分解する光合成生物では、新しいD1タンパク質が一から設計しなおされる（引き出される）のではなく、念入りな修理機構が発達した。この修理方式は、損傷を受けたD1を特定し、そのタンパク質をナノマシンの他の部分から切り離すが、なお機構内にとどめ、そ

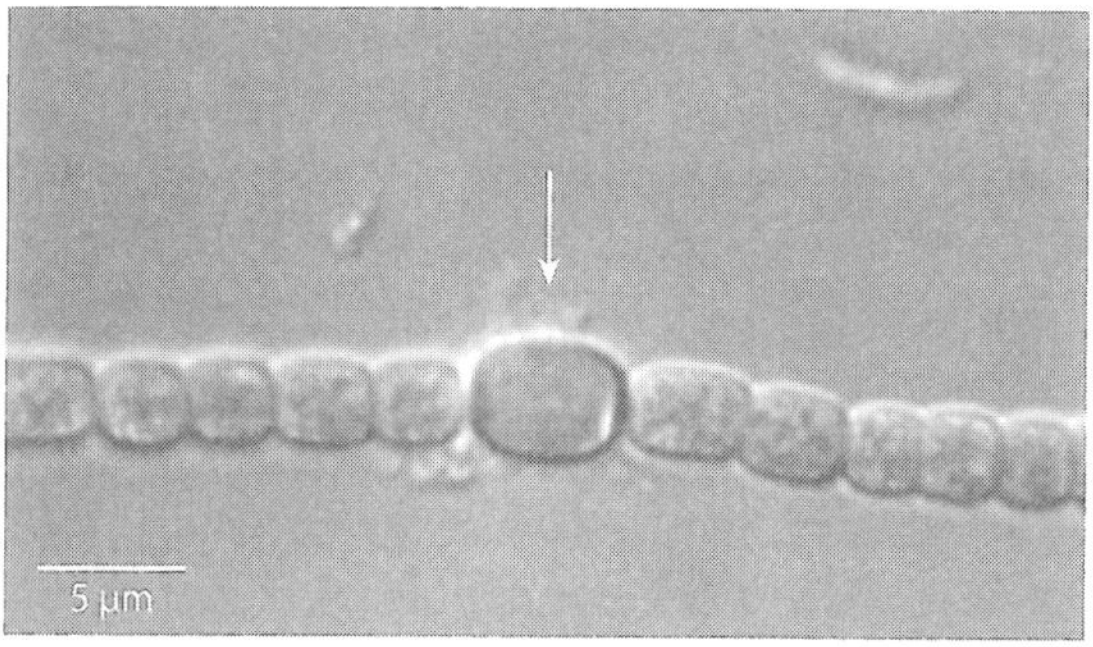

図 23　異質細胞の画像。鎖をなす種類の藍藻類では（図 17A）、細胞が大気中の窒素ガス（N_2）を還元（固定）してアンモニウムイオン（NH_4）にするとき、異質細胞という特殊な細胞ができて、そこでは酸素を発生させる反応中心（光化学系Ⅱ）が失われる。窒素固定に関与する酵素、ニトロゲナーゼは、異質細胞のみに見られ、酸素による損傷から保護されている。これは生物学における細胞分化の中でも最古クラスの例に属する。（Arnaud Taton ／ James Golden 提供）

れに代えて、損傷を受けたタンパク質があったところの穴にはまる新しいタンパク質を置くことから成る。状況は、車を運転するときに必ず一組の整備員を連れて行って、車が走っているさなか、タイヤが一万回転するたびに整備員が下に潜り込み、タイヤのどこに傷があるかを見つけ、損傷したタイヤを交換しなければならないというのに似ている。D1の場合には、そのために多くの進化のいたずらが必要だった。しかしそれによって、紅色光合成細菌に由来する古い機構が、新しい状況下――酸素が存在する――でも動作できるようになった。

D1が受けた損傷は、電子が足りないか多すぎるかの、何らかの形の酸素の存在による。こうしたいわゆる活性酸素は、タンパク質に多くの損傷をもたらし、それを解毒するいくつかの酵素が進化した。しかし酸素そのものも、とくに鉄を含むナノマシンとはよく反応する。そうした装置の一つが、先に取り上げたニトロゲナーゼだ。光合成を行なう装置と同様、ニトロゲナーゼもピタゴラ装置のような仕掛けで、電子を輸送し、陽子を窒素ガスに与えるために協同する二つの大きなタンパク質を含む。酸素がないと、ニトロゲナーゼは良好に機能するが、酸素があると、鉄の原子が「錆び」始め、装置は機能を停止して、装置全体を交換しなければならなくなる。二〇億年を経て、つまり酸素が地球に出回るようになってから、自然は酸素が存在する中でもニトロゲナーゼが動作できるようにする進化の道筋を見つけた、あるいは同じ機能を行なう別種の装置が進化した、と思われることだろう。しかしそうはならない。

ニトロゲナーゼの場合、解決策は、装置を酸素から物理的に分離することだった。この酵素をもつ細胞が嫌気性の環境に閉じ込められる場合もあるが、酸素を通す率が窒素を通す率よりもわずかに低い特殊な細胞が進化した場合もある（二つの気体分子の物理的な大きさはほとんど同じなのでなかなかできないが）。また、ニトロゲナーゼ機構から酸素を物理的に取り除く特殊な過程が加わった場合もある。いずれの場合も、完璧な解決にはならない。今日の海では、どの時点でも、ニトロゲナーゼのうち約三〇パーセントが酸素によって不活性化されている。これは使用済みの部品の廃品置き場に多大な投資があることを表し、その廃品がいずれ再生利用されて新しいナノマシンを作らなければならない。

最後の例はさらに困惑させられる。これはルビスコ（リブロース・ビスリン酸カルボキシラーゼ／オキシゲナーゼの頭文字による）という、非常に古いナノマシンに関係する。ルビスコは、あらゆる酸素生産光合成生物や、他の多くの化学合成独立栄養生物などの微生物での、二酸化炭素の固定に関与するタンパク質複合体である。ルビスコは地球で最も豊富なタンパク質と言われることがある――それも無理はない。地球上の細胞質の大半を作るのに関与しているからだが、この酵素は非常に効率が悪い。

ルビスコはさほど複雑ではなく、いくつかのタンパク質の大きな組合せで、協同する二つのサブユニットがある。適切に動作すれば、水中に溶けたガスとして存在する二酸化炭素を取り込み、それを二つのリン酸による「把手（とって）」がある五炭糖（リブロース‐ビスリン酸）に加え、二つの、炭素が三つある分子にする。これは地球上で最も重要な生化学反応と言える。これは有機物質のおよそ九九パーセントを生む光合成生産につながる第一段階であり、他の生物はそれに依存している。人類を含むすべての動物は、生存そのものがルビスコにかかっている。

D1タンパク質やニトロゲナーゼと同様、ルビスコは酸素が地球大気に存在するようになるよりずっと前に進化していたが、二酸化炭素濃度が今日よりも何倍も高いときに進化した。そのような条件下では、ルビスコはまずまずのはたらきを見せる。しかし酸素があるところでは、酸素と二酸化炭素の構造が違うことを考えるとなかなか想像しにくいことだが、酵素はしばしばその二つの分子を間違える。それでもその間違いをすると、ルビスコは酸素を取り込んで無益な産物を作る。これはほとんどの植物では三〇パーセントの場合に起きていて、エネルギーを大いに無駄にしている。

さらに悪いことに、この炭素固定ナノマシンは動作が非常に遅い。ルビスコの各分子の生産力は一秒に五個ほどしかない。光合成をする細胞にある他の酵素と比べると一〇〇倍近く遅い。進化したばかりのルビスコは、どんなに効率が良くても、細胞にある他のナノマシンと比べると非常に遅い。

遅い、非効率的な装置と数億年の時間があれば、自然は突然変異で設計をやり直し、淘汰を経て、もっと良い装置を進化させたのではないかと思われるかもしれない。驚くことに、そうはならなかった。わずかな改良はあったものの、細胞は基本的に、この酵素を大量に作ることで事態に対応した。光合成生物にとっては巨大な投資となる。ルビスコを作るには大量の窒素が要る——この炭素固定に関与するナノ機構の不備がなかったら、この窒素をずっと早く新しい細胞を作るのに投入できたかもしれない。

あれやこれやのコアになる装置を考えると、この装置がなぜもっと効率的なものに進化しなかったのかと不思議になる。こうしたもっと効率的なナノマシンに進化することができない凍結代謝偶発事態に相当する遺伝子があるのはなぜだろう。答えは比較的単純らしい。たいていの場合、ナノマシンはいくつかの単位として機能する、物理的に動く部品——まさしくナノマシン——で構成される。部品の複合体全体の動きや向きは、個々の部品に依存している。一つの部品にごく小さな違いがあっても、ナノマシンの動きの能力には変わりはないかもしれないが、ある部品が大きく変化した場合には、同時に他の部分も変化しなければ、機能が失われることになる。要するに、自然の解決策はマイクロソフトがとった解決策と似ている。マイクロソフトが最初にコンピュータ用のオペレーティングシステムを開発したとき、そのソフトは初期のコンピュータに適したものだったが、装置がさらに複雑になると、マイクロソフトは、ソフトを一から作り直すのではなく、部品をさらに加えて古いソフトウェアを修正した。自然も同様で、装置を一から作り直すのではなく、古い仕組みを再利用し、わずかに修正したり、別の部品群を開発したりして、環境の変化に合わせて機能するようにした。基本的には、自然はそれまでに進化していた装置に、さらに「プログラム」を加えるのだ。

コアとなるナノマシンを表す遺伝子は非常に保守的であるいっぽう、生物を構成する残りの九九・九八パーセントの遺伝子は変動が大きい。つまり、コアとなる装置は広い範囲の生物に見られ、進化の系統が遠く離れている場合も多い。たとえば微生物では、ニトロゲナーゼは細菌の多数のグループや古細

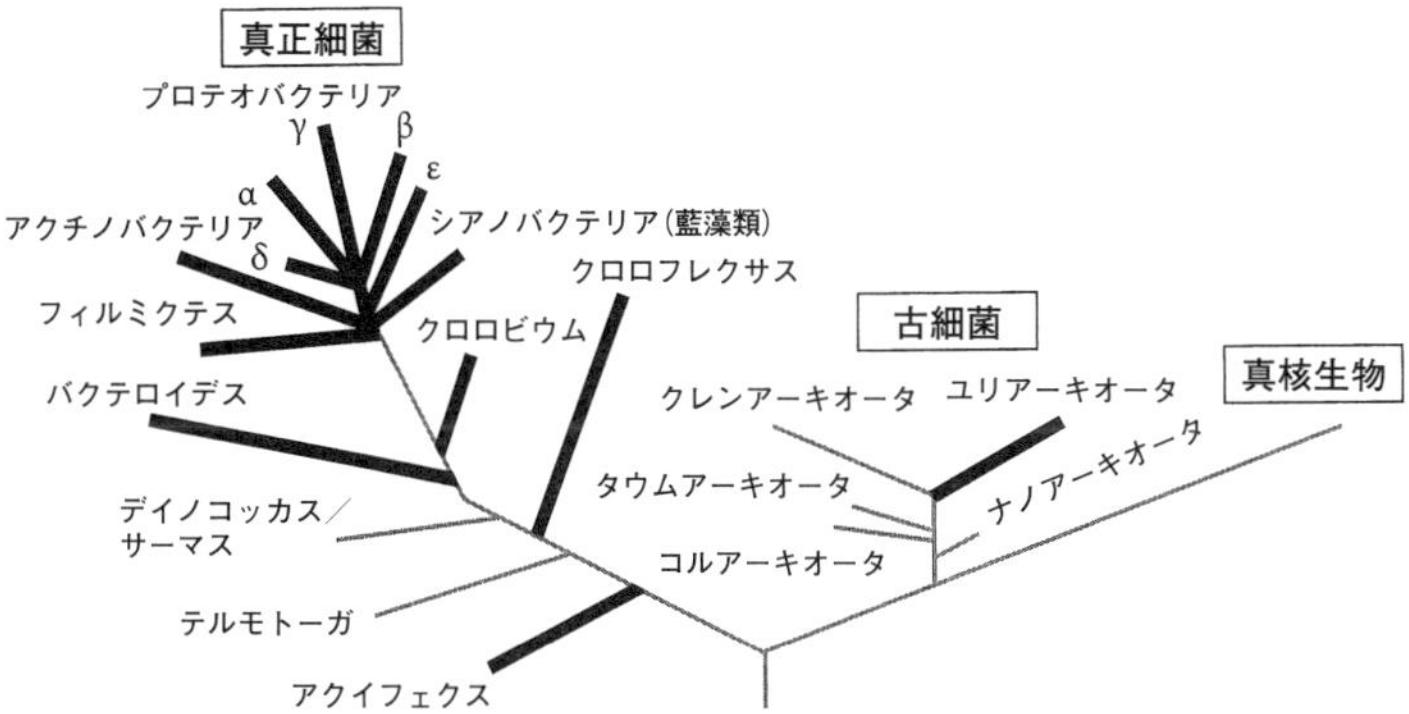

図 24　生命の樹全体でのニトロゲナーゼ遺伝子の分布〔太線に存在する〕。分布のパターンは共通祖先からの由来するものではなく、むしろ予測しがたい点に留意のこと。この遺伝子は（他の多くも）、細菌間や、細菌と古細菌間の水平伝播で獲得された。窒素固定の遺伝子は、真核細胞のゲノムにはない（Eric Boyd 提供）。

菌のいくつかのグループに見られる（しかし既知の真核生物にはない）。同様に、ルビスコは共通点がほとんどない多くの生物に共通に見られる。細菌に行き渡っているルビスコのある形態は、真核生物の藻類である渦鞭毛藻（うずべんもうそう）にも見られるが、他の真核生物にはない。実際、コアとなる装置の大半にとって、生命の樹全体にわたる分布のパターンは予測がつかない場合が多い。

ニトロゲナーゼ、ルビスコなどのコア遺伝子を含む生命の樹を作ると、ダーウィンの変異を伴う継承による進化モデルがあてはまらないことが明瞭になる。ダーウィンの進化論は間違っていたということだろうか。

遺伝子配列決定技術やコンピュータがますます高速化し、安価になり、性能も上がった時代には、何万という微生物のゲノムが完全に分析される。ゲノムの中での遺伝子の配置を調べると、多くの遺伝子が垂直に継承されていない、つまり前の世代から受け継がれているわけではないことが明らかに示される。このような継承のしかたは遺伝子の水平伝播(でんぱ)と呼ばれる。遺伝子の水平伝播は生物学的には珍しいことではなく、微生物の進化では主要な方式だ。簡単に言えば、ある生物で淘汰を通じて適応している遺伝子が、別の、まったく血縁のない生物に、性的組換えを介さずに伝えられる。要するにそれは量子的〔ここでは飛躍的という意味〕進化である——窒素を固定する能力をもたない生物は、窒素固定のための遺伝子を環境から獲得できて、するとほら(ヴォワラ)、即座に窒素を固定できる。

遺伝子の水平伝播は徐々にというのではない。何組もの遺伝子が、ほんの数十年で微生物の世界のあちこちに伝わる。実際、この過程は恐ろしいほど速い。遺伝子が水平伝播されていることがわかった、ごく初期の例の一つは日本で発見された。病原性の細菌では、抗生物質に対する耐性が、古典的な垂直継承で説明しきれないほど急速に獲得されることが認められたのだ。遺伝子配列決定の時代が到来すると、すぐに、一般的な抗生物質の多くに対する耐性に相当する遺伝子が微生物の世界全体に広がることが示された。他にもたくさんの遺伝子がゲノム内部の位置から外れることも観察されている。リボソームの核酸の配列に基づくと同一と考えられる二つの微生物も、遺伝子の並びが違うことはざらにある。むしろ、多くの遺伝子がゲノムの中に気まぐれに挿入されてきたらしい。多くの場合に、いくつかの遺伝子が何組かの遺伝子の間に挿入される。挿入される遺伝子の前や後ろにある遺伝子とは、とくに何の関係もありそうにない。挿入される遺伝子は、遺伝子の水平伝播によって、無関係の生物から獲得されることが多い。

伝播する遺伝子は他の生物で以前に進化して伝わっているものである。意図しない臓器移植が、受け取る方で器官が欠けていることを知りもしないまま行なわれるようなものだ。その遺伝子は機能する。間違いない。それがもともとあった生物では何十万年も（何百万年とも、ひょっとして何億年とまでは言わないとしても）機能していた。その遺伝子を起動するにはあれこれいじる必要もない。意図せずしてそれを獲得した生物がそれを必要としなければ、捨てられる。生物に新たな機能を加えるなら、それが用いられる。微生物にとって、環境は地球規模の遺伝子ショッピングモールだった。すでに適応している遺伝子がそれを手に入れられる生物どれにでも使えるし、人間を含めたすべての生物が、遺伝子の水平伝播を通じてそれを手に入れたことがある。

微生物どうしの遺伝子の水平伝播はどういうものだろう。

遺伝子が水平伝播できるようにする仕組みとして三つが知られているが、実際にどう機能するか、三つの中でどれかが他よりも重要だったりするのかというのは、まだはっきりしていない。最も簡単に解説できる仕組みは、一九四〇年代の初め、三人のアメリカ人生化学者によって発見されたもので、「形質転換（トランスフォーメーション）」と呼ばれる。それはあっけないほど単純だ——遺伝子（あるいは何らかのDNA）が単純に環境から拾い上げられるだけだ。ほんのわずかな時間で、新たに獲得された遺伝子は新しい宿主に組み込まれ、その後の世代に伝えられる。この過程は実験室では機能する（そしてその実験は、実際に継承される形質を表す情報があるのはタンパク質ではなく核酸である、という理解の強固な基礎になっている）。しかし、現実の世界に遊離したDNAがそんなにあるかどうかははっきりしない。細胞が単純にDNAを撒（ま）き散らすわけではない——細胞はいずれ死に、死ぬときにはそのDNAがそのまま環境に伝えられる。これが遺伝子を水平方向に移動させるためにありうる方式となる。

異生物の遺伝子を訪問販売する最もわかりやすい代表はウイルスで、これは形や大きさが多様である。その多くはサッカーボールを超小型にしたように見える。月着陸船を超小型にしたように見えるものもある。物理的な形がどうであれ、ウイルスは伝統的な意味では生きていない。つまり、環境とガスを交換することもなく、独自にエネルギーを生成する仕組みを持っているわけでもなく、何より重要なことに、自力で複製を作ることができない。ATPアーゼもリボソームもないので、宿主細胞なしにタンパク質も他の何も作れない。それでも遺伝情報は持っている。DNA、場合によってはRNAの形で、タンパク質のカバーの中に詰め込まれている。地球上には厖大な量のウイルスがいる。海の上層部では、海水一ミリリットルあたり数億のウイルスがいる。つまり、細菌などの微生物を合わせた数よりも多い。

ウイルスの圧倒的多数はきちんと記載されておらず、場合によっては、とくにRNAを持つウイルスの場合には、遺伝情報は急速に変化するのでそれを記載しようとしても、微生物版のモグラ叩きになる。先週自分で記載したウイルスが、翌週には別のウイルスになっていることが多い。去年インフルエンザの予防注射をしていても、おそらく今年のインフルエンザ・ウイルスから守られてはいないだろう。

ウイルスは遺伝子を転移させるのだろうか。原理的にはその通りだが、進化論的にはごく短い距離でしか転移させない。ウイルスは細胞に付着してそこに遺伝物質を注入するが、宿主になれるものにはきわめて厳密な必要条件があるものだ。宿主を識別するのは、その細胞の表面にある特定のタンパク質により、適切な宿主を見つけると、その細胞に付着して、そこにDNAやRNAを注入することができる。遺伝物質は宿主に合体して、宿主のタンパク質や核酸製造のためのナノマシンをのっとって、新しいウイルスを作る。ウイルスによっては、宿主の細胞の中でずっと複製される――それが宿主細胞のゲノムの一部になるのだ。人間の場合には、この種のウイルスはきわめてまずいことになる場合がある。この種の「非溶解性」（細胞を溶解しない）ウイルスの例として、ＨＩＶ〔ヒト免疫不全ウイルス〕とＣ型肝炎ウイルスという二つがある。ヒトがこれに感染すると、ウイルスをゲノムから取り除くのはほぼ不可能だ。しかしウイルスによっては、新しく挿入された遺伝情報によって、宿主細胞の中で新しいウイルスが一定の閾に達するまで成長できることがある――そうして宿主の細胞が破裂して、新しいウイルスが環境に放出される。この映画『ボディ・スナッチャー／恐怖の街』の筋書き〔生物の体が他の生物の侵入に

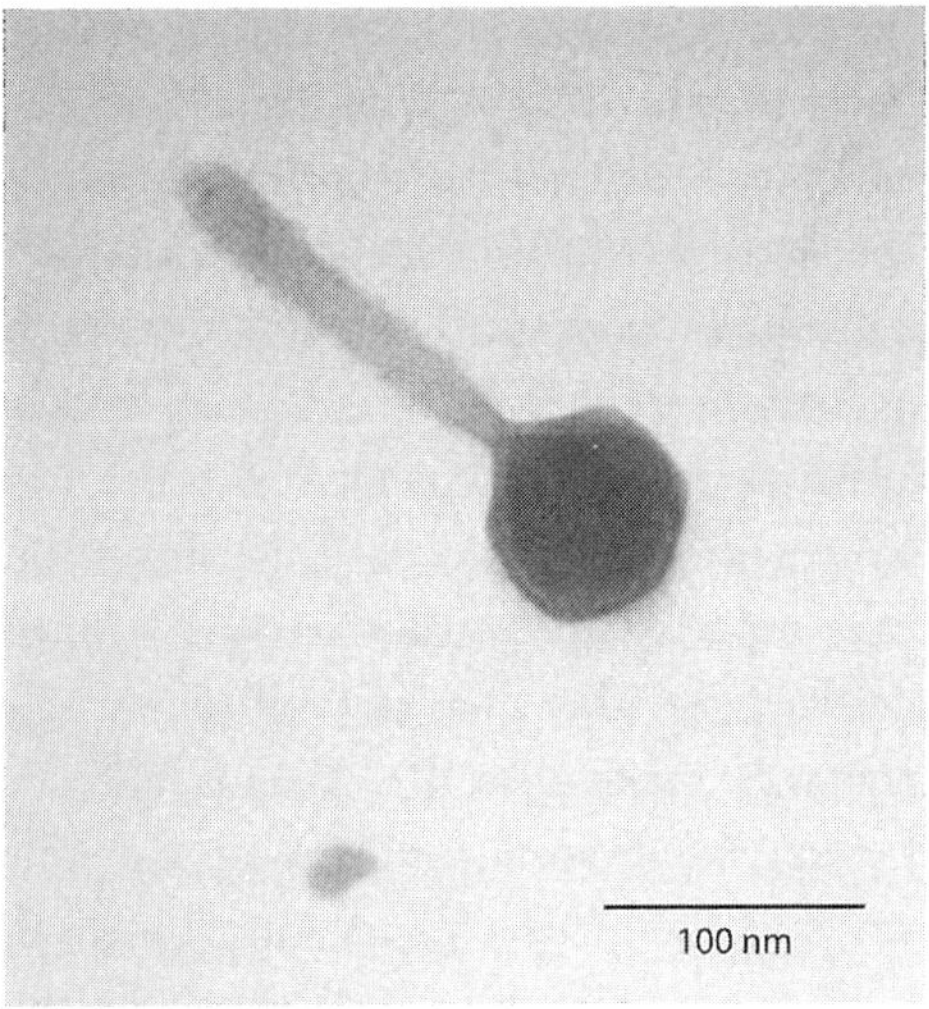

図 25　海洋のウイルス粒子の顕微鏡写真。ウイルスの遺伝子暗号は頭の部分に収められているが、心棒の部分は宿主細胞（たとえば細菌）に付着するのに使われる。ウイルスは遺伝物質を宿主に注入し、宿主の機構を使って、さらにウイルスを複製する。この粒子は最小の藍藻類の細胞のさらに 10 分の 1 ほどの大きさであることにも留意（Jenn Brum ／ Matthew Sullivan 提供）。

よってのっとられるということ」は、微生物の世界にはきわめてよくある話だ――そうして多くの微生物が死ぬことになる。この「溶解性」（細胞を溶解する）ウイルスにもヒトが感染することがある――たぶん意外ではないだろうが、細胞をすぐには殺さないウイルスよりも致死的ではない。この種のウイルスには、いわゆる風邪を引き起こすウイルスが含まれる。溶解はただちに遺伝子を新しい宿主に移すことにはならないが、それによって宿主の細胞の遺伝情報が環境にこぼれ出すことにはなり、そこで遺伝子の破片を探している微生物によって取り上げられることもある。

第三の、「接合」と呼ばれる過程があり、微生物が互いに付着して二つの細胞間に橋を架けることによって、ＤＮＡを交換する。この過程は、ごく近い類縁関係の微生物の間に生じるものが、関係が遠い微生物の間で遺伝子が転送される様子や理由は明らかではない。

仕組みはともあれ、遺伝子の水平伝播によって、遠い過去の生物の系統を判定しにくくなるが、もっと大事なことに、微生物の世界での種の概念が、どうでもいいとは言わなくても、定義しにくくなる。

自分の先祖を知りたいとしよう。親が生まれた場所を見つけ、さらにその親、……と続ける――しかし、三〇代か五〇代か前には、先祖が海苔（のり）巻きを大量に食べたため、一族の腸内微生物群落に、海藻にある炭水化物を消化する遺伝子が挿入されたとする。それで今のあなたが海藻を食べるのに適応しているのだ。腸内にいる微生物は別の微生物から、遺伝子の水平伝播によって、新しい遺伝子を獲得している。この一見するとばかげた筋書きが実際に起きている。日本人の腸内微生物は、海藻の消化を助ける遺伝子を持っている。その遺伝子は白人の腸内微生物には見当たらない。

海にはD1タンパク質を表す遺伝子をゲノムに持っているウイルスが大量にいるが、それは光合成をするように進化しているからではなく、D1タンパク質を表す遺伝子が、急速に複製を作る指示を含んでいるからだ。ウイルスはその指示に乗じ、それを使って感染した宿主細胞ですばやく大量の複製を作る。しかしときどき、藍藻類から複写されたD1遺伝子の複製が、縁がなさそうな生物に見つかることがある。それはおそらく、ウイルスの感染によってそこにたどり着いたのだろう。

地球の歴史の初期、動物も植物も生まれるよりずっと前には、微生物間での遺伝子の水平伝播は、長い地質学的時間にわたって遺伝子をうまく運ぶ主要な仕組みだった。生物にとって肝心なのは、個々の生物のアイデンティティよりも、遺伝子をかき混ぜることだった。生物は、外界からのエネルギーを熱力学的平衡から遠く離れた状態に変換できるようにする情報を運び、細胞が生殖できるかぎり、生命は続く。

コア遺伝子の攪拌（かくはん）がなければ無縁だった多くの微生物の間で攪拌が行なわれることで、その情報が地球上のどこかの何らかの細胞に保持されていることが確実になる。生物はその場限りのものだ——廃さえできる——が、一五〇〇のコア遺伝子はそうではない。その生命のコア遺伝子は、リレー競走でのバトンのように伝えられる。生物は、長い地質学的時間にわたって遺伝子を運び、それから新しい生物へと伝えられる。個々の生物は滅びるが、コア遺伝子がどこかの別の生物に伝わっているかぎり、その遺伝子は生き続ける。

遺伝子の水平伝播はおそらく、植物や動物のような多細胞生物の初期の進化には重要だっただろうが、今は進化の主要な様式ではない。海藻の消化を助ける遺伝子の一部が何代も前の先祖によって食べられ、その先祖の遺伝子に同化し、その先祖の卵子か精子に伝えられたとしたら、海藻を消化するための遺伝子を進化させた微生物からその遺伝子を得ているかもしれない。しかしそういうことはしょっちゅう起きることではない。それは有性生殖によって妨げられる。

有性生殖は遺伝子の水平伝播の優位を下げるのを助けた。他の生物からの遺伝子は、たいていは生殖細胞には入り込まない。有性生殖は水平伝播した遺伝子を生殖細胞の外にとどめ、性的組換えによって新しい生物を作る。たいていの微生物にとって、ほとんどの時期、性的組換えは選択肢にはならない。たいていは「単純な」細胞分裂で複製を作り、それぞれの娘細胞は、ほとんどいつも母親の正確なコピーだ。有性生殖がそれを変えた。有性生殖は両親それぞれの系統からの遺伝子を混ぜる。新しい細胞では新たな遺伝子の組合せができる。有性生殖は遺伝子のばらつきを大きくし、動物や植物の進化では主要な過程となったが、一夜にしてできたことではない。まず別の、もっと大量のボディ・スナッチャーの侵入があった。真核生物の進化は、とてつもない規模での遺伝子の水平伝播の物語だ——ある生物が別の生物に全面的に侵入するのだ。それがどのように起きるかを見てみよう。

第7章　セルメイト

強力な破滅的事象に遭遇しても、せっかくの発明品を回復できるようにするために自然が使う戦略の一つは、幅広い微生物界全体にリスクを分散することだ。ナノマシンの設計図は遺伝子の水平伝播によって広められる。遺伝子の水平伝播は微生物での進化の主要な方式ではないが、この過程がすべて行き当たりばったりでもない。主要な原動力の一つは生態学的なもので、微生物が共生的に連携して、稀少な栄養源の利用を最適化することによる。その原動力は生命の進化にも役立ってきた。

微生物はばらばらで生きているわけではなく、そのほとんどは「共生」している。つまり、共に生きて、相手に資源を依存しているということだ。もっと特定して言うと、微生物は相手の廃棄物を使って自らの生活を維持している。廃棄物の利用——元素の再利用とも呼ばれる——は、生態学の基礎概念の一つで、それが微生物のナノマシンが進化するのに強い影響を及ぼした。微生物の地球規模での相互作用を微生物学者が認識するようになるまでには長い時間がかかったが、やっとそのことが認識されると、地球の生命進化の理解が向上することになった。

何十年もの間、微生物学者が微生物を調べるために用いた手法は、個々の細胞を環境から分離し、純粋培養で育てることだった。こうした「クローン」——一個の母細胞からできる細胞のコロニー——は基礎的な材料で、それを使うことは、特定の生物が特定の病気に関与することを証明するための四原則の一つとして、コッホによって確立された。この手法には価値がないわけではない。一個の微生物の種による集団の中でのごくわずかなばらつきが、このクローンが病気を引き起こす能力に多大な変化を生む。古典的な例は、誰の腸にもいるありふれた細菌、大腸菌によって引き起こされる食中毒の例だ。

大腸菌はおそらく、生物学で最も調べられた生物だろう。育てやすく、広く分布し、微生物遺伝学のモデルの中のモデルとなった。この生物の遺伝子に生じるわずかな変化が食物を介して運ばれ、ヒトの腸に重症の、ときには死亡することもある感染症を大量に起こして騒ぎになることがある。この脈絡では、クローンについて、必要な栄養、成長率、抗生物質に対する感度あるいは耐性などを調べることが肝要になる。しかし遺伝子配列決定手法が広く用いられるようになると、大腸菌の無害な系統が急速に病原性となり、摂取すると大量の出血を引き起こすことがあることがわかった。無害な系統は、病原性の遺伝子を、別系統から、接合——微生物版のセックス——経由の遺伝子の水平伝播を通じて獲得する。この場合には、有毒な系統が無害な系統に、ヒトに病気を引き起こす遺伝子を転移させる。大腸菌が病原性になるのに必要な遺伝子はごく少数だけだ。病原性の系統が無害の系統から分かれたのは四〇〇万年ほど前だが、このよく調べられた微生物でも、二つの系統の違いを特定するのは、遺伝子配列決定法が到来するまでは難しかった。純粋培養で分離してゲノムの配列を決定しないことには大腸菌の二つの系統をきちんと区別できないなら、身のまわりの世界の微生物をどう理解することになるだろう。

遺伝子配列決定によって特定された、海や土中や岩石表面、さらには人間の腸にいる微生物の九九

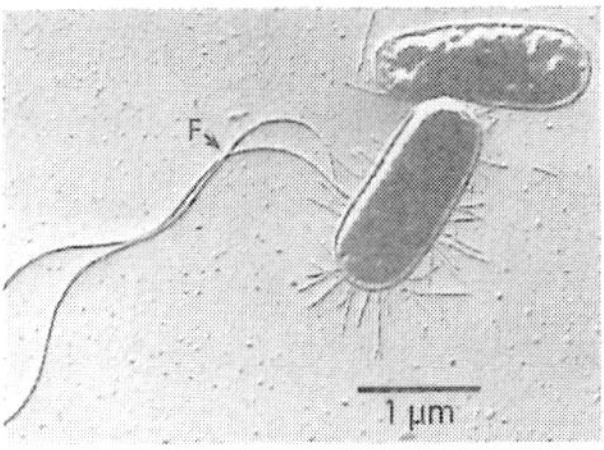

図26　おそらく生物学でいちばん研究されている大腸菌の電子顕微鏡写真。この生物はヒトの腸にいるが、病原体となる系統（非病原性のものと見かけは同じ）は、ヒトの食中毒の原因となる。この生物には鞭毛があり、これによって液体中を泳ぎ回れる。

パーセント以上が、実験室で分離されたり培養されたりしていない。海や土や海底の熱水噴出口、私たちの腸内や口内など、多くの環境にいる無数の微生物を分離するために、多くの試みが行なわれてきた。ときどき、新しい微生物を純粋培養で育てるところまでこぎつけて、この試みが成功することがあるが、たいていは失敗している。長い間、微生物を純粋系統の培地として分離する能力が足りなかったのは、単純に、こうした一見すると変わりやすい個々の生物が成長のために必要とする栄養を、科学者が知らないからだった。個々の微生物の種が必要とする糖分はどれだけで、どのタイプのものか、アミノ酸はどれで、塩分はどれだけか。組合せは事実上無限にある。この点で、人類は微生物の機能のしかたについてほとんど何も手がかりを得ていない。それで、通常はできるだけ早く育つ大量の微生物を得ることを目指す実験室では、糖、アミノ酸など、生物を育てるのに必要なものが何でも豊富に与えられる。実験室の培養用肉汁にある養分の濃度は、たいていの現実世界の状況よりも何万倍も高い。ごくわずかの例外はあるが、糖、アミノ酸などの養分は自然界には稀少で、微生物がそれを獲得するには多くのエネルギーが必要となる。微生物が現実の世界で暮らしを立てる様子を理解するには、新たな手法が必要となる。微生物生態学者は、結局、小さな生物どうしの相互作用を調べる社会科学者となった。

　自然界の微生物は、養分の獲得に使われるエネルギーを最小にするために、群落を作る傾向がある。そこでたとえば、ある生物が分泌した糖を別の生物が消費し、その糖を受け取る側は、群落にいる他の微生物にアミノ酸を提供する。微生物は私たちと同じく、だいたい社会的な生物であることがわかった。細菌は複雑な行動をしない分、大部分はナノマシンが環境の変化に適応する柔軟性に基づいて、代謝を革新して埋め合わせる。

微生物の群落、あるいは複合系（コンソーシア）は、極微の世界のジャングルで、共同の棲息地に何十種あるいは何百種も暮らしている。微生物の「種」を厳密に定義するのは難しい場合が多いことを銘記しておくべきだろう。種という言葉の伝統的な定義――有性生殖でできる子が存続可能――は、動物や植物では確かめられるが、微生物には簡単にはあてはまらない。微生物のほとんどでは性を定義するのも難しく、遺伝子の水平伝播が「種」を定義することを少々あやしくする。それでも、微生物複合系の機能を理解するという目的のために、微生物の「種」を、観察可能な生物学的機能、とくに代謝の脈絡の中で考えてみよう。微生物のある種が環境に何かの分泌物やガスを放出するとし、別の種がそれをエネルギー源として使うとしよう。第二の種は独自に分泌物やガスを出し、それを元の種が、あるいはさらに別の種が再利用できる。その結果、要するに超小型の生物学的電子市場となる微生物の群落が発生する。

微生物複合系の電子市場という概念は、ただの見立てではない。この複合系内の微生物は、文字どおり、電子を提供したり〔＝酸化する〕電子を受け取ったり〔＝還元する〕の、ガスなどの物質を交換している。たとえば、メタンと硫化水素はどちらも電子が余っている。この種の還元された分子は、複合系にいる何種類かの微生物によって生産され、環境に放出される。こうした電子が余っている分子は、他の微生物によってエネルギー源として使われる。分泌物――たとえば二酸化炭素や硫酸塩――は再利用されることもあれば、群落から外部環境に捨てられることもある。微生物複合系が安定しているのは何日か、何十年か、さらにはもっと長くか。それはわからないが、答えはいずれでもあるだろう。それでも、複合系の基本ルールのいくつかはわかっている。

微生物複合系にある一つの規則は、他の構成員を排除してしまうほど競争に勝つ成員はいないということ。この設定に違反があると、複合系は崩壊し、「勝った」微生物もエネルギー的に不利に陥る——地元で生産された栄養素が玄関先まで届けられているのをぜいたくに食べて暮らすのではなく、乏しい栄養素を求めて遠くの市場で買い物をしなければならなくなる。

それは微生物がすべて「正々堂々戦っている」ということだろうか。

微生物は社会的かもしれないが、攻撃的になったり競争的になったりすることもある。他の微生物を殺す分子を作れる場合が多い。実際、感染症と闘うために重要な抗生物質は、ほとんどが微生物によって作られる。しかし微生物複合系の脈絡で言うと、こうした分子は侵入者に対する防御として使われることが多く、複合系内部の微生物を殺すためのものではない。言い換えると、私たちの理解が及ぶ範囲では、特定の機能をもつ特定の細菌が食事会に入り、他は排除されるという紳士協定がある。

この仮説は簡単に検証できる。人間が生まれるときには腸には微生物はいない。生まれるとすぐに環境から微生物を獲得する。生まれてから母親に触ったりおっぱいをもらったり、生ものを食べたり、いくらか土が混じっていたり、さらには、うんちが手についていたりすることで微生物を取り入れる。実は、私たちの腸に最初に落ち着くのが大腸菌だ。もちろん無害な系統で、そうでないと困る。

時間がたつと、私たちはそれぞれ、腸内に独自の微生物動物園を育てるようになる——一人一人のD

NA配列よりも独特かもしれない。人間のそれぞれの腸にいる微生物の総数は、体の細胞の総数の一〇倍ほどある。それぞれの腸内微生物は、個人の食餌や環境に合わせてできているだけでなく、複合系の成分も個人の健康にとってきわめて重要だ。複合系は食物の複雑な炭水化物や脂肪を分解するのを助けてそこから栄養をとるのを助けるし、私たちのかわりにビタミンを作ってくれるし、「悪い」細菌の成長を妨げることによって病気にならないようにするのも助ける。人は誰でもこのことをある程度は知っている。外国へ行って水道水を飲んで病気になったことがある人は、地元の人々が子どものときに死んでしまわないのはなぜかと不思議に思うことになる。実際、そういう子どもは多いかもしれないが、生き残った人々の腸には、飲み水にいる微生物による病気から守ってくれる微生物がいる。旅行者は自分の地元の食物や水から、そうした微生物を獲得しているわけではない。外国で長い間暮らしていたり、現地で生まれた人の場合には、そうした微生物を得ているか、病気になったり死んだり、少なくとも子どもをたくさん作ることにはならなかったりになるか、いずれかだろう。

今では、生きている間に病気になって、医者が抗生物質を処方することはよくある。私たちは抗生物質があたりまえだと思うが、その副作用の一つとして胃腸炎がある。これは抗生物質を服用することによる巻き添えで、腸内微生物の一部が死んでしまうことによる。苦しいだけでなく、腸内複合系の中での微生物の相互作用も変化させてしまう。複合系が抗生物質治療の前の状態に戻るには、時間がかかる。数か月かかることもある。人によっては一年経っても戻らないこともある。また場合によっては調節がしにくく、抗生物質治療を受けてからしばらくの間、それまで食べていた食物に過敏になることもある。私たちが自分の腸内微生物との間につけている個人的関係は、全体としては体重のうちの二キロ分ほどを占め、微生物が地球規模で行なうことのミクロコスモスと考えることもできるだろう。

複合系は地球規模の電子市場のミクロの表れだが、複合系にいる個々の微生物集団は必ず、その集団でエネルギーのつりあいを保つための重要な代謝経路がいくつか欠けている。たとえば、ある集団は窒素を固定できるが、その機能は、その複合系に余剰の窒素があれば必要ないかもしれない。ある集団は炭素を固定するかもしれないが、この元素は複合系の成長を制限していないかもしれない。鍵になるある反応（たいていは複数）は、必ず欠けているか、均衡を欠いている。これが意味することは、養分やガスを複合系の中で再利用するといっても完璧ではないということで、複合系は電子市場を、それが成り立つようにつねにいじっている。

環境と微生物複合系の間には、必ず測定可能な正味のガスのやりとりがある。たとえば複合系は、酸素、二酸化炭素、メタン、二酸化硫黄、硫化水素、窒素などのガスを消費するか生産するかいずれかだ。実は、環境とのガスのやりとりをたどることによって、複合系にどんな種類の微生物がいるかがわかる場合が多い。結局、複合系は比較的自足しているが、必ず外部世界にガスを漏らしている。ガスの廃棄物は大気や海によって運び去られる。大気や海は、実質的に、地球全体の微生物の代謝をつなぐ導線のようにふるまう。

局地的、個人的な水準に立ち、自分自身の腸を調べることによって、この概念を考えてみよう。個々の詳細に立ち入らなくても、個人的な微生物複合系が平衡状態にないことは明らかだ。私たちの外部世界とのガスのやりとりは、大半が口と鼻で行なわれる。しかし別の形のガス交換もあり、それによって微生物複合系について多くのことがわかる。哺乳類すべての無酸素の腸から出たガスのほとんどは酸化されている——窒素と二酸化炭素が最も顕著だ。しかし一部は還元されたガスで、そのうち硫化物は嗅覚系に最も顕著にわかる。他に、臭いで検知できないメタンと水素という二つの還元されたガスがある。人間の半分は大腸にメタン生産微生物を持っていて、ほとんどの人は水素ガスを出す。この二つのガスは可燃性だ。私たちの腸内で微生物によって生産されるガスはすべて、この局所的な環境と平衡していない代謝の副産物としてできる。平衡していたら、ガスは大気圏にあるのと同じような構成になるはずだが、明らかにそうなってはいない。腸内ガスの構成が地球の大気と平衡していないのなら、すべての動物の腸内微生物複合系すべての総和は惑星上の代謝経路とは平衡していないことになる。無数の微生物複合系の中での電子の交換が地球規模ではたらくには、科学者がフィードバックと呼ぶ、地球規模の抑制均衡（チェック・アンド・バランス）がなければならない。

自然の過程だけによる地球全体の大気圏のガスの組成と濃度における変化は一般に、ほとんど例外なく、何世紀程度の時間幅では測定できない。微生物は、地球全体——湖の表面の膜から深海の堆積物の何百メートルも奥まで——に広がる何千億もの複合系の代謝を統合することによって安定する、電子のグローバル市場を生み出す。地球の代謝は複合系の複合系の結果で、そこでは複合系一つがなくなっても大丈夫だが、すべての電子移動反応の仕組みは、資源の便宜や利用可能性に左右され、ランダムな分布にはなっていない。自然の保険のかけ方は、主として地球全体の微生物電子ヘッジファンドに投資することによって、リスクを分散することである。投資対象は、環境中にある電子の出どころ／はけ口いずれかの役目ができるいずれの分子でも、それが利用できることに基づいて動作するナノマシンの潜在能力だ。

微視的（ミクロスコピック）なレベルでは、複合系内部の生物は、非常に近いところで暮している。そのような状況の下では、遺伝子の水平伝播がうまくいくチャンスは非常に高まる。そこで、複合系内部では、遺伝子伝播によってしばしば、多くの微生物集団にわたる代謝ナノマシンの分布が可能になり、それによって、生物間の元素の流れは緊密に制御できる。地球全体の規模では、このナノマシンの動作が枢要なガスの流れを制御する、巨視的（マクロスコピック）な生命のエンジンをもたらした。

制御信号は、群落内の微生物から微生物へ送られ、誰が何をしていて、どこにどれだけの数がいるかについての情報をもたらす化学信号に埋め込まれている。細胞間信号の体系はクォラムセンシング〔その場にいるかいないかを感知するといった意味〕と呼ばれ、微生物が自らの集団密度を見積もり、他の微生物に誰がどこにいるかを合図するために作って使う特定の分子が進化した結果だ。このモードの細胞間通信は、私たちとは縁遠いが、浮遊する一部の細胞によって送り出される特定の分子があって、別の微生物の細胞膜の特定の受容器の部位に付着することがわかっている。香水会社が男性が女性に感じてほしい、あるいはその逆のものと同じように、微生物が生み出す分子が他の生物に誰がどこにいるかの信号を送る。

分子が付着すると、それは細胞内の遺伝子の表現を変えることで機能する。クォラムセンシングによって、複合系は養分の再生利用の効率をさらに上げる微生物代謝の空間的分布を確立する。しかしそれによって行動が変わることもありうる。

そんなことを言うと、当然、微生物が「行動」するのかと問われるかもしれない。もちろん行動する。微生物に脳はないが、感覚系はあり、中には非常に精巧なものもある。環境から、お互いからの信号を感じて受容器に信号を送り、反応を引き起こすことができる。一つの例を取り上げよう。これはクォラムセンシングの発見をもたらしたものだ。

クォラムセンシングは、微生物の社会的相互作用という発現する特性の例である。これは一九七九年、友人どうしで共同研究者のケン・ニールソン（当時スクリップス海洋学研究所）と、ハーバード大学の故ウッドランド（ウッディ）・ヘイスティングスによって偶然に発見された。二人は、海にいる一部の魚の発光器官に住む発光細菌がどういう仕組みになっているかに関心を抱いた。そのような器官では、細菌はきわめて密度が高く、上は立方ミリあたり一〇〇〇億にも及ぶ。この器官にいる微生物が分離され、細胞密度の低い純粋培地で育てられると、微生物は光らない。ところが細胞が増えて集団の密度が高まると、コロニーは発光を始める。ニールソンとヘイスティングスは、細菌に、光を生み出すために必要な特定の遺伝子群があることを知った。この遺伝子は、細胞が低密度で増えているときには言わばスイッチが切られていて、細胞の密度が高くなるとスイッチが入る。二人は、遺伝子のスイッチを入れる信号が、細胞が分泌するある化学物質で、その濃度が十分に高くなると、細胞は文字通り点灯されることを発見した。

その後、多くの微生物学者がクォラムセンシングについて調べていて、この現象については知らなければならないことはまだたくさん残っているが、基本的な原理についてはある程度わかっている。微生物は化学信号を使って、自らの集団内で、また他の微生物の集団との間で、いろいろな機能のスイッチを入れたり切ったりすることが明らかになった。こうした化学信号は系内の複雑さが高まったことの先触れだが、必ずしも新しいナノマシンの進化が必要になるわけではない。化学信号による微生物通信は、複合系にいるいろいろな生物集団の間での代謝を調整する要になる仕組みである。しかし他にも起こりうることがある。

多種の生物が互いに近いところで暮らしている状況では、予想外の結果が生じることがある。二〇億年以上前にその一つが起きたらしい。ある微生物が別の微生物を飲み込んで、飲み込まれた生物の遺伝子の一部を残しただけでなく、飲み込んだ生物も残したのだ。このまるごとの遺伝子の水平伝播は、「内部共生」という名を与えられた――細胞内での共生的連合、あるいはもう少し正確に言うと、二つの細胞のうち一方が他方の中に収まる共生的連合である。

この概念の由来は、一八九三年、ドイツの科学者で初めて葉緑体を記述したアンドレアス・シンパーによる発表にたどれる。シンパーは、植物の葉緑体が藍藻類と似たような形で分裂するのを見て、そこから論理的に、葉緑体は藍藻類が実は細胞内部で暮らすようになったものだと考えた。シンパーの仮説は、ロシアの植物学者で、地衣類という、光合成する微生物（藍藻類の場合が多い）と菌類との共生体を調べたコンスタンティン・メレシュコフスキーによって取り上げられた。一九〇五年、メレシュコフスキーは、ロシア語とドイツ語で、「植物界における色素体の正体と起源について」という論文を発表し、葉緑体は植物細胞内での共生ではないかと説いた。この研究は、第一次世界大戦やその後のロシア革命の間にほとんど忘れられた。ただそれは、そうした大事件そのものによるのではなく、セックススキャンダルによる。メレシュコフスキーは幼児性愛者として告発され、一九一八年にはフランスに、さらにその後スイスに亡命した。共生に関する研究は続けたが、一九二一年には自殺し、その説は知られないままになった。

細胞小器官が、かつては自由に暮らす細菌だったのが宿主細胞に飲み込まれたのかもしれないという基本的な考え方は、一九二七年、アメリカの生物学者で、コロラド大学医学部の教員だったアイヴァン・ワーリンによって仕上げられた。ワーリンはミトコンドリアが元は宿主細胞の外部で育ったものかもしれないと説いた。後に、ワーリンのミトコンドリアのサンプルは実は細菌に汚染されていたことが明らかになり、その成果はほとんど信用を失った。

内部共生仮説は一九六〇年代の初めに新たな後押しを得た。葉緑体もミトコンドリアもそれぞれ独自の、細胞核にあるのとは明瞭に異なるＤＮＡを持っていて、それぞれが独自のリボソーム群を含んでいることが発見されたのだ。もちろん、細胞のマトリョーシカ人形モデルは大きく加速したが、葉緑体もミトコンドリアも宿主細胞の外では複製ができないことも明らかだった。さらに、ウーズとフォックスによる、葉緑体、ミトコンドリア双方のリボソームＲＮＡ配列の解析は、どちらの細胞小器官も細菌の子孫であることを明らかにした。その解析は明らかに、シンパーやワーリンの仮説が基本的に正しいことを明らかにしていた。葉緑体は藍藻類の親戚であり、ミトコンドリアは別の細菌の仲間で、それに属する細菌には、興味深いことに、嫌気性の光合成生物がいた。

内部共生の概念は、一九六七年、アメリカの生物学者リン・マーギュリスが、メレシュコフスキーの仮説を復活させる論文を、新たなデータを入れてではなく、むしろ理論的な問題として書いて、やっと評価され、広く受け入れられた。マーギュリスは一連の論文や何冊かの本で、この概念の側に立って論じ続けた。並外れて明瞭に物を言う科学者で、私には友人でもあった。赫々（かくかく）たる研究歴のほとんどを、内部共生の概念を地球上の生命進化の原動力だと称揚して過ごした。マーギュリスは部分的に正しかった。

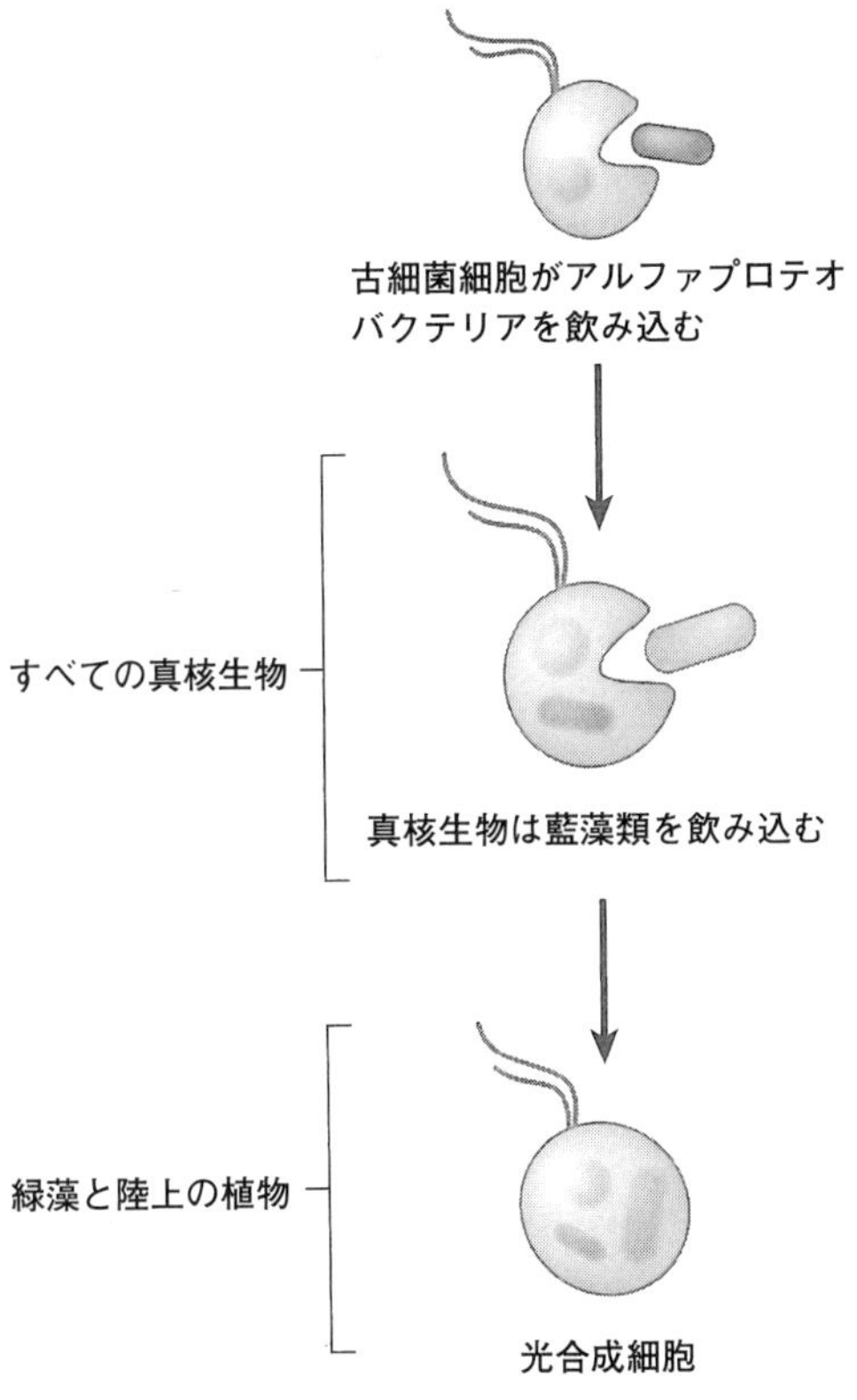

図27　真核細胞の形成に至った二つの基本的な内部共生の出来事を表す模式図。まず、宿主細胞（古細菌類）がたぶん、光合成をする紅色非硫黄細菌〔アルファプロテオバクテリア〕を飲み込む。この細菌は後にミトコンドリアになる。第二の出来事では、原ミトコンドリアを含んだ細胞が藍藻類を飲み込む。この藍藻類が進化して後に葉緑体になる。この二つの主要な共生事件が、動植物が進化するよりずっと前の海で優勢だった緑藻（図9）のような微生物の進化の土台となる。

内部共生の現象は比較的ありふれているが、新しい細胞小器官を確立するまでになることはめったにない。実際、この経路によって受け継がれたことが絶対確実と言える細胞小器官は、ミトコンドリアと葉緑体の二つだけであり、この二つの生物が宿主細胞に組み込まれるに至る出来事は、進化の流れを変えた。その内部共生がなければ、私たちは存在していないだろう。いずれの場合にも、その過程は海で始まった。陸上に無視できないほどの生命が現れるよりずっと前のことで、どちらの場合にも、化学信号が成否を左右するほど重要だった。

真核生物の進化の歴史は完全には解明されていない。それでも、宿主細胞となった微生物は古細菌だったらしい。これは人間の腸内でメタンを生産する生物に似ていた。ある筋書きでは、それが取り込む生物は現存の紅色非硫黄光合成細菌に近い。これは藍藻類よりも古く、環境に酸素がないときだけ光のエネルギーを光合成に使うことができる。そのような条件の下では、光のエネルギーを使って閉じた回路で電子を移動させ、膜を挟んで陽子の勾配を築く。すると陽子は共役因子を流れてATPを作れる。これはまさしく、先に述べたナノマシンと同じだ。

ところが酸素があると電気回路は成り立たず、細胞は光を吸収する色素を合成する能力を失う。細胞は生き残るために、内部の電子回路を「再配線」して、酸素が有機物から出て来る水素の受容体になれるようにする。日中は無酸素の条件で光合成するジキル博士の細菌と同じ細菌が、有酸素の条件下で呼吸するハイド氏になることができる。日中は、太陽のエネルギーを使って、差し引きした結果、微生物世界に有機物をもたらすことになるが、それは酸素がない場合のみだ。酸素があると、細菌は有機物質の消費者になり、有機分子のエネルギーを使って成長する。言い換えれば、酸素があるところでは、非硫黄細菌は人間や他のすべての動物と同じように、呼吸する。動物は細胞内のハイド氏を維持している——ミトコンドリアである。

飲み込まれた嫌気性光合成細菌は、どうやって最終的に酸素を消費するミトコンドリアになるのだろう。紅色光合成細菌にあるナノマシンは、私たちの体内のすべての細胞でエネルギーを生み出すために使われているナノマシンとまったく違わない——それは偶然のことではなく、因果関係でつながっている。私たちの動力供給源、ミトコンドリアは、紅色非硫黄細菌から、動物が進化するよりずっと前に引き継がれた。それでも、古細菌の宿主に飲み込まれ、保持された元の嫌気性紅色非硫黄細菌は、ほぼ確実に、現代のミトコンドリアのような巨大なエネルギー源ではなかった。むしろ、宿主細胞が排出する産物を栄養として捉えるものだっただろう。つまり、内部共生する嫌気性光合成細胞小器官は、アンモニウムやリン酸など、共生しなかったら宿主細胞から海へ排出されていたはずの養分を利用できた。私は共生が新しい単細胞複合系の中に養分を保持するように淘汰されたのではないかと考える。

この例外的な事件——古細菌の宿主細胞による紅色非硫黄光合成細菌の取り込みと保持——が、結局最初の真核細胞の進化に至る。それからずっと後になって、単独の、自由に生きる真核細胞が独自の組織された複合系をなし、それが動物や植物となる。しかしそうなる前に、ミトコンドリアになるもののエンジンが、逆進するようにセットされなければならない。紅色非硫黄細菌の電子回路全体は、有機物質を作るようにできていた。現代のミトコンドリアはもうそういうことはしない——むしろ、有機物質を消費する。電子回路の逆転には酸素が必要だが、紅色非硫黄細菌も宿主細胞も酸素は作れなかった。労働分業には別の技能がいくつか必要だった。しかし、宿主と新しく飲み込まれた細胞の双方にとってこの配置を機能させるには、両者が互いに通信をしなければならない。

嫌気性の紅色光合成細菌を獲得するに際しては、宿主細胞はすぐに細胞内生物の制御権を獲得しなければならなかった。細胞内生物が宿主より少しでも速く成長できるとしてみよう。何世代かの後には、細胞内生物は宿主細胞より大きくなり、宿主細胞は死んでしまう。逆を想像しよう。新しく獲得した細胞内生物の成長が宿主より遅いとする。宿主は成長が遅くなり、細胞内生物を獲得していないために邪魔のない親戚と比べて、養分を獲得する競争力が下がるかもしれない。新しく獲得した細胞内生物を制御するには、細胞内生物から枢要な遺伝子をいくつか宿主細胞に移し、細胞内生物から遺伝子をもっと減らす必要がある。新しい、今や真核となった細胞は、合体した微生物複合系で、その中で、宿主細胞は細胞内で内部共生するパートナーを、実質的に奴隷化している。時間が経過すると、細胞内生物は多くの遺伝子を失って、もはや宿主の外では生殖ができなくなる。しかし、エネルギー生産のためや一部のタンパク質を作る能力のための、枢要なナノマシンについてはいくらか遺伝子を残している。今や一個の細胞の中に二つのタンパク質工場がある。

一方のタンパク質工場がもう一つを上回らないことを確実にするには、遺伝子を転移したり失ったりする前に、最初にしておくことがあった。二つの細胞の間で化学信号が必要だが、この過程はまだあまり理解されていない。化学信号はミトコンドリアから宿主細胞の核に送られるが、別の信号は逆に動作する。ミトコンドリアは最終的に非常に精巧になる。宿主の核にある遺伝子のスイッチを入れたり切ったりできるし、特定の通り道を増強したり、宿主の行動を変えたりすることができる。この信号体系は、「逆行性シグナル」という残念な名がついているが、要するに、これは一つの部屋を共有する二つの細胞――ルームメイトならぬ細胞（セル）メイト――どうしのクォラムセンシングによく似ている。それが、一個の単位として機能する細胞群の協同が進化する方向へ向かう第一歩だった。しかしそうなる前に、第二の内部共生にかかわる出来事が生じる。

　この第二の内部共生事件では、すでに光合成紅色細菌（原ミトコンドリア）を含んでいる嫌気性細胞が別の下宿人を引き入れる。このとき取り込むのは酸素を生産する藍藻類だ。この三体配置は、おそらく何度も起きただろう。たいていの試みはほとんど確実に嫌気性紅色光合成細菌を死に至らしめるからだ。進化の歴史では、紅色光合成細菌は、ほぼ確実に、無視できないほどの酸素に曝（さら）されることはまずなかったし、もちろん、太陽が照っているときに本当の意味でのガスの継続的流出などなかった。このミニチュアのような微生物動物園の論理をたどり、それがどうやって生まれるかを見てみよう。

　藍藻類の廃棄物、酸素は、すでに整った配置を得ている他のパートナーのうちいずれかによって使ってもらわなければならない。新しい下宿人を取り込むことは紅色光合成細菌の関心ではなかったが、今や紅色細菌は、藍藻類が同じ宿主細胞の中で生産した酸素によって中毒する可能性に直面していた。宿主はきっと相手を行き当たりばったりに選んでいたが、なぜ、養分を再利用するという仕事をうまく行なっていた最初の内部共生体を殺そうとするのだろう。死や絶滅を避けるために、紅色光合成細菌は、何らかの形で酸素を使えるように進化しなければならなかった。酸素という優れた電子受容体はすぐに有機物質から電子を受け取れるが、その過程を機能させるには、別のナノマシン、電子と陽子を酸素に送れるナノマシンが進化しなければならない。新しいナノマシン、シトクロームcオキシダーゼは、きわめて複雑で、その成分は藍藻類による酸素の生産よりも前からあった。その古い部品が集められ、細菌にも古細菌にもある、別の、もっと単純なナノマシンから成分を取り出して並べ替えることによって、設計し直された複合的なナノマシンが形成された。シトクロムcオキシダーゼがもともと、電子を酸素に乗せるために進化したのではなかったのはほぼ確実だ。それはおそらく、細胞から酸素を除去するために進化したのだろう。現代のシトクロムcオキシダーゼの形では一三個ものタンパク質のサブユニットがあり、銅を使って化学反応を実行するのを助ける。いったんナノマシンが進化してしまえば、世界はがらりと姿を変える。

酸素は細胞が本当にスーパーチャージされるようにする。ミトコンドリアの膜をはさんだ電場を利用すると、一個のブドウ糖分子から三六個のATPが作られる。細胞は今や、毛のような構造物、鞭毛を回転させる小型モーターを動かすことができ、そうすることで細胞は高度な運動能力を得られる。これは新しい代謝経路を開発できて、酸素とエネルギーを使って、コレステロールのような複雑な脂質や、他のもっと複雑な分子を作る。獲得する側の生物と獲得される側の生物は、恒久的なセルメイトとなる。

新しいセルメイトは、それぞれが作る相互牢獄(ろうごく)で、参加者全員の利益になる可能性を有するが、このマシンが動作するために、セルメイトどうしが協同しなければならない。新たな配置では、一つの細胞の中に三組の遺伝子情報がある。宿主が一組、原ミトコンドリアが一組、新しく獲得した藍藻類、つまり生まれつつある葉緑体が一組である。この三組すべてを協調して動かして内部共生体の一つが宿主より速く成長したり、宿主が内部共生体より速く成長しないようにするには、何らかの改変と信号が必要だった。

最初の改変は新しく獲得した藍藻類から大量の遺伝子をなくすことで、これは今しがた紅色光合成細菌の獲得について見たのと同じことになる。藍藻類はいくつかの重要なタンパク質、とくに光合成の反応中心のナノマシン機構を形成するタンパク質を作るための遺伝子は保持するが、宿主の体外で成長できるようにする遺伝子の多くは、単純に捨てられるか、宿主細胞に送られるかする。

真核細胞の土台を形成した二つの内部共生事件は、新しい光合成細胞に、それがなかったら得られなかったような特性を与える、まるごとの遺伝子の水平伝播の例である。原ミトコンドリアを含んだ細胞内で生まれつつある葉緑体の起源は、個々の藻類から巨木まで、新しい形の進化を許容することになる。しかし、体の形とは無関係に、すべての真核光合成生物は、太古とまったく同じナノマシンを使って、エネルギーを生成し、タンパク質を作り、新たな細胞を生み出す。

つまるところ、この新しい生物はだんだん複雑になり、成功もする。実際、大酸化事変の後、化石になった真核細胞はますます豊富になった。生命の核となるナノマシンの研究開発段階は、基本的に真核細胞の進化とともに終わった。

それ以後の進化の歴史は体制(ボディプラン)、つまりナノマシンが収容される体の形をどうするかにかかわるものだった。真核細胞はそれ自身が複合系をなすことができ、新しい形を獲得できた。それは原核生物の親戚よりも速く、長く泳ぐことができ、栄養のためにその原核生物を食べることになる。しかし新しい真核細胞は、新たな、もっと精巧な通信装置も進化させた。この感知装置は、細胞内、細胞間の信号、つまりクォラムセンシングを精巧にしたものを促進する無数の化学物質である。その通信装置は、その後の一五億年にわたり、複雑な統合された多細胞複合系——動物や後には植物——に進化する。

そこで今度は、微生物の中で二五億年の間にできたナノマシンが、真核細胞の巨視的な複合系、ダーウィンや私たちにおなじみの動物、植物で維持されるのはなぜか、それはどのような仕組みなのかを見ることにしよう。

第8章　不思議の国の拡大

微生物はなぜ、どうやって、日常の経験でおなじみの、組織された巨視的な生物——動物や植物——になったのか。その進化による変容には、どうやら巨大な対価があるらしい。動植物は生殖が遅く、代謝の範囲も限られていて、環境条件の変化に対する適応のしやすさは微生物よりはるかに劣る。ところが、そんな不利と見えるところがあっても、大型の多細胞生物の進化は排除されなかった。複雑な、あるいは「高等な」生物の進化と、それが三〇億年前に微生物で進化した小さな部品からどのように組み立てられたのかを調べてみよう。

動植物が登場した時期は、二通りの独立した系統の証拠によって決まる。一つは物理的な化石だ。アクリターク（「由来不明」という意味のギリシア語から）と呼ばれる単細胞の真核生物の化石は、約一八億年前から約一五億年前にかけて比較的豊富になった。これにはセルロースに似た分子でできた細胞壁があり、棘（とげ）などの、現存する渦鞭毛藻のような単細胞真核生物の休眠胞子と合致する外部の特色がある。一部のアクリタークは多細胞の群体を作ったかもしれないが、本当の意味で多細胞の動物や植物がいたことを示す証拠は、もっと後になるまではっきりしない。

化石に多細胞動物が登場するときには、どこからともなく現れているように見える。ダーウィンは多くの動物の化石が、当時最も深い（したがって最も古い）、ウェールズのカンブリア紀の岩石で見つかることには、進化の観点からすると問題があることを理解していたが、その問題にどう折り合いをつければよいかはわからなかった。

一八六八年、スコットランドの地質学者、アレクサンダー・マレーは、ニューファンドランド島のカンブリア紀の地層よりも下で新しい化石を発見した。この化石は明らかに多細胞だったが、それが何か、マレーにはよくわからなかった。古生物学者からは何かの拍子でそうなったものとしておおむね棄却された。一九五七年になってやっと、南オーストラリアのエディアカラ丘陵で見つかった一連の化石が、先カンブリア時代に動物がいた証拠として認められることになる。この時期の化石はエディアカラ生物群と呼ばれ、その後、ロシアの白海、マレーが一〇〇年前に記載していたニューファンドランド島のミステイクンポイントなど、世界中の何か所かから見つかった。

最古の動物化石はおよそ五億八〇〇〇万年前にまでさかのぼる。これは最後の全球凍結（「雪玉（スノーボール）」）より後に進化したらしい。残っているエディアカラ動物は、すべて海洋性で、軟体だった――つまり、殻や内骨格を作らず、それと識別できる成体鉱物や固い部分も作らなかった――らしい。これはおよそ九〇〇〇万年間にわたって存在した。エディアカラ紀は五億四二〇〇万年前に終わり、化石に見られるものとしては最初の動物大絶滅となった。

一九〇九年、アメリカの地質学者でスミソニアン研究所にいたチャールズ・ウォルコットが、ブリティッシュコロンビア州（カナダ）南西部のロッキー山脈で、偶然、一連の海洋生物の化石を大規模に発見した。そのときその地域で採集された化石は、最終的に約六万五〇〇〇個に及んだ。それから五〇年以上たって、ハリー・ホイッティントンと二人の大学院生による調査で、この垂直に切り立った岩石の地層、バージェス頁岩（けつがん）が、現存するすべての体制を代表する生物を含んでいることを明らかにした。初期の二枚貝のような生物、体節を備えた虫、背骨を思わせる原始的な構造を備えた絶滅した原始的な生命などだ。バージェス頁岩は、約五億五〇〇〇万年前のもので、きわめて多様な化石を含んでいる。何年にもわたり、カンブリア紀の「爆発」に見えるもの——つまり、動物の化石記録に残っている動物の

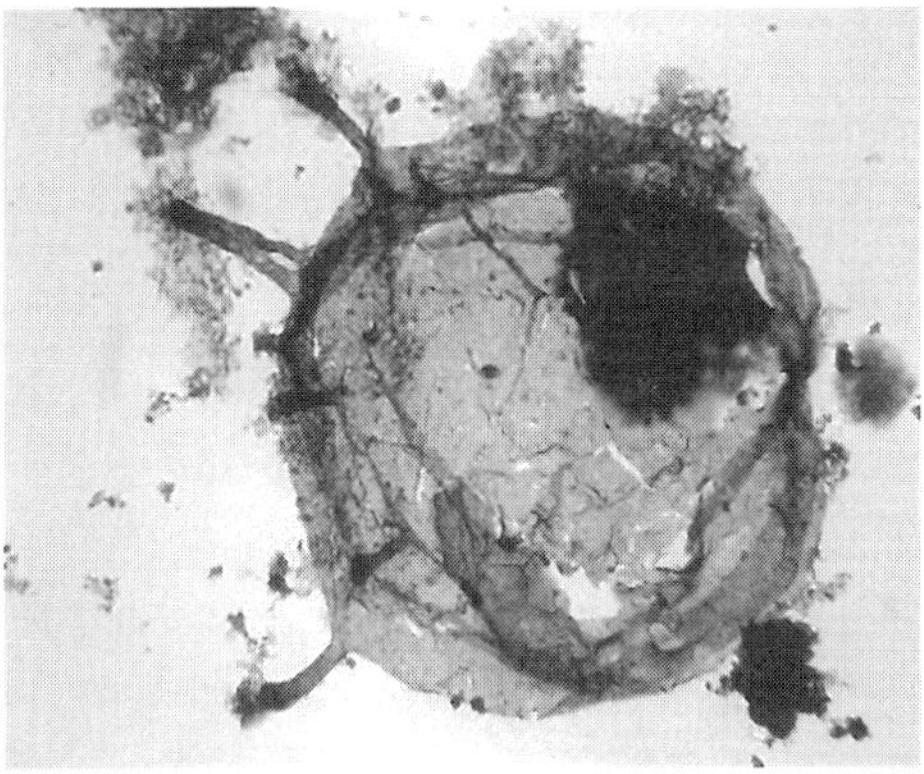

図28　化石のアクリターク（*Tappania plana*）。この生物やその同類は、今は絶滅しているが、現代の真核植物プランクトンの先駆けとなった。この化石はオーストラリア北部で見つかったもので、14億年から15億年前のもの。この細胞はけっこう大きく、直径は約110ミクロン〔1ミクロンは100万分の1メートル＝1000分の1ミリ〕ある（Andrew Knoll提供）。

体制が急速かつ異例の進化をしたらしいこと——は化石の保存経過によってそう見えることなのか、動物が多様化した本当の時期なのかが議論された。エディアカラ生物群の一部が五億四二〇〇万年前以降も生き残って、カンブリア紀の動物の種子となったらしいが、その創始となった種(しゅ)はまだ特定されていない。

二つあるとした証拠の第二の線はそれほど直接的ではない。こちらは特定の遺伝子、あるいは遺伝子群での突然変異率が計算できるという考え方に基づいている。突然変異率がわかれば、生物の現存するグループでの突然変異数から、そのグループが進化した速さを推定することができる。この「分子時計」モデルを使って、生物の起源にさかのぼって推論ができる。もっと新しいモデルでは、突然変異率のばらつきも計算に入れており、以前よりも正確と思われる。可能な場合には必ず、分子時計モデルが物理的な化石と照合されるが、特定のモデルから推論される時間が遠くなるほど、モデルが不正確になるのは避けられない。それでも分子時計に基づくモデルによる計算では、ほとんどつねに、当の生物が、岩石中の物理的な化石が最初に現れる時期に基づく証拠よりも早い時期に生まれたことが推定される〔残っている化石の最古のものが必ずその生物の最初の例だとは考えにくいので、このことは分子時計モデルの妥当性が高いことを示す〕。

無脊椎動物が専門の一流古生物学者で、ワシントンDCにあるスミソニアン博物館所属のダグ・アーウィンに率いられる科学者チームが、化石と照合した分子時計モデルを用いて、動物の登場を約七億年前と特定した——エディアカラ紀が始まる時期である。しかしそこが推論のいちばん大事なところというわけではない。もっと重要なことに、アーウィンらが動物の急速な進化を支持する説得力のある論拠

図 29　ディッキンソニアの化石。オーストラリア南部エディアカラ丘陵で見つかった絶滅した動物。これをはじめとするエディアカラ化石は最古の化石動物で、約６億年前に海で進化した（Jere Lipps 提供）。

も立てた。つまり、カンブリア爆発は、実際に多くの新しい動物の体制が進化した時期だったらしい。動物の登場の時期は比較的よく限定されるが、この現象にどんな進化での革新が関与していたかはよくわかっていない。

そもそも動物がなぜ進化したかについて考えるとき、私はごく単純な仮説に訴えることが多い。多細胞化は、餌となる粒子がわずかしかない環境で生態学的に成功するための戦略だった。簡単に言うと、飢えは進化での淘汰の原動力だった。海に住む単細胞生物のエネルギー特性は想像しにくい。大理論物理学者のヴィクター・ワイスコップを記念して、その同僚のエドワード・パーセルは、「低いレイノルズ数での生命」という心そそられる有名な文章を書き、微生物が流体中で生活をどう体験するかを述べた。微細な生物にとっては、水は比較的粘性の高い流体だ。粘性の高い流体を移動するには多くのエネルギーがかかる。パーセルは、人間の精細胞が水中を泳ぐときには、実際の人間が糖蜜の中を泳ぐのと同じ抵抗を流体から感じるというたとえをした。一週間かけても数メートル進めるだけだろう。細胞が一体になって協同できるとしたら、それが暮らす粘性の高い流体によって課せられる物理的な壁を、もっと効率的に乗り越えられるだろう。

多細胞動物を作るには、細胞が四つの基本的な形質を進化させなければならなかった。つまり、共通の動力源、互いの正確な付着のしかた、細胞それぞれのためではなく、生物体のために共有する公共の機能、そのひな形の継続的再生を、それぞれ実現しなければならなかった。この四つの形質は、振り付けをした舞台芸術のように、一緒に機能しなければならなかった。多細胞生物に四つの形質の一つでも欠けていたら、それは滅びることになる。

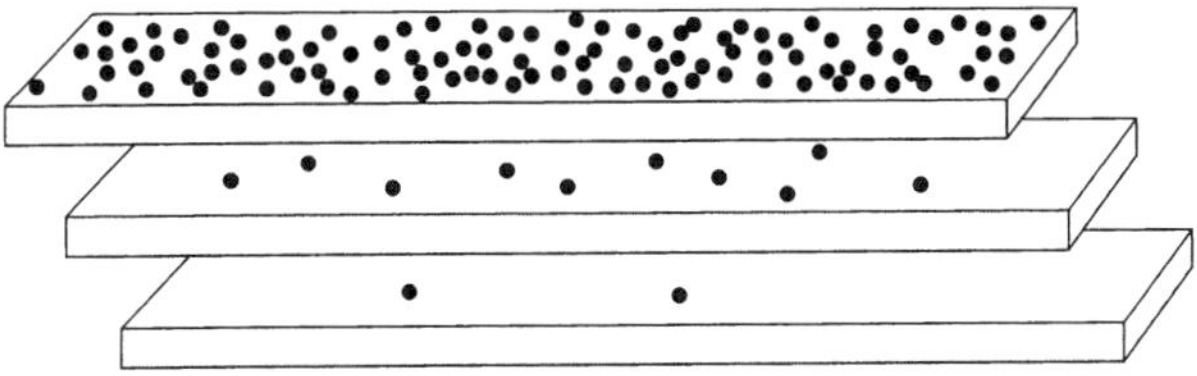

図30　多細胞動物での酸素の拡散の問題。何らかの循環系がなければ、酸素は細胞に拡散を通じて供給されるしかない。動物が海底に住んでいるなら、酸素は上の水から来るしかない。細胞の第一の層に届く酸素は呼吸によって奪われ、第二の層が受け取る酸素は少なくなり、以下同様となる。酸素の拡散はほぼ確実に、エディアカラ紀初期において薄い動物が残ることに貢献した。

動力源の問題は生きるか死ぬかの問題だった。ごく少数の例外を除き、動物は餌からエネルギーを引き出すために酸素を必要とする。単細胞の真核生物では、酸素が動力発生装置であるミトコンドリアに届くのは、熱エネルギーのせいでランダムに動く分子が、酸素濃度の低い方へ移動する拡散という過程による。酸素がミトコンドリアで消費されるときには、この細胞小器官はそのあたりの濃度を低く保ち、酸素は外の世界、一八億年前なら海から細胞中へ移動してくる。

単細胞生物が酸素を得るためには拡散はそれなりにうまく機能する。しかし単細胞生物が大きくなり始め、酸素濃度があまり高くなければ、細胞は十分な酸素が得られなくなり、成長しにくくなる。この問題は、細胞が群体を作って多細胞になり始めると、実際に悪化する。

ある生物が紙ナプキンのような平らな面で、岩や泥の堆積物などの表面で暮らしていると想像してみよう。折りたたんだナプキンのように、その生物が何層かでできているものの、薄い紙の層ではなく、呼吸する細胞の層でできているものとする。エディアカラ層の化石になった動物がそうだった。酸素が最上層に拡散すると、その九〇パーセントがその層を構成する細胞によって消費され、次の細胞の層のためには一〇パーセントしか残らない。次の層は、残った一〇パーセントのうちの九〇パーセントを消費し、第三層のために残るのは一パーセントしかない。明らかに最下層の細胞は酸素不足になり、十分に機能しなくなる。

最初の酸素濃度が高く、酸素が別の方向からも入ってこられるような形に細胞が並んでいれば、あるいは細胞が酸素を効率的に配分する方式を発達させていれば、状況は良くなるだろう。いずれの解決策も、いずれは進化したが、初期段階では、地球大気の酸素濃度が大きく増えることが必要だった。

有機物の海底堆積物への埋没と、それに伴う地球大気での酸素の増加は、植物プランクトンの進化とともに、劇的に速くなった。小さいために海でほとんど沈まなかった(水の粘性が浮遊を助けた)祖先の原核生物とは違い、真核生物の植物プランクトンは、急速に沈むことができた。植物プランクトンが進化し、その後死んで太古の海の堆積物に埋もれると、有機物が長期的に隔離され、その結果、地球の酸素濃度の増加が助けられた(第5章参照)。大気中の酸素増加は、大酸化事変から約一七億年後の、およそ七億年前に起きた。この二度目の酸素増加が動物の進化の成否を左右したのはほぼ確実だ。

動物が進化したときの酸素濃度がどうだったかは誰も確かには知らないが、できるかぎりの再構成では、大気のうち一パーセントから五パーセントのどこかとなっている。今日では二一パーセントある。真核の植物プランクトンが死んで埋没することで、大気中の酸素の増加が加速し、それによって植物プランクトンを餌とする多細胞動物が進化したというのは少々皮肉なことだ。

単細胞の真核生物では拡散があまり問題にはならないので、酸素濃度が上昇するとともに、群体にま

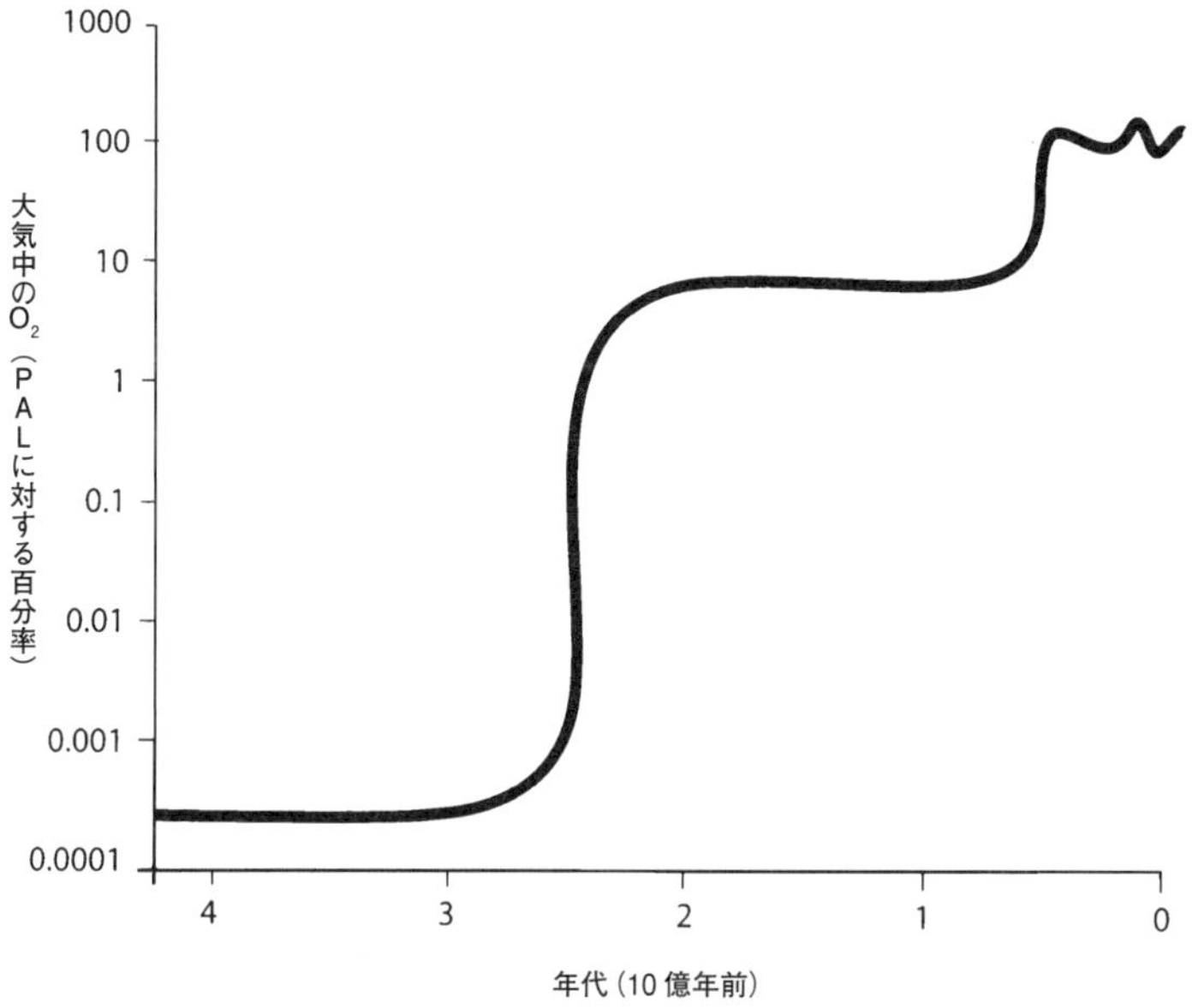

図31　地質学的時間にわたる酸素の現時点での再構成図。酸素の目盛は対数目盛。地球の歴史の前半では、酸素濃度は現在の大気での濃度（PAL）に対して0.0001%程度と、ゼロに等しいほど低かった。濃度は、24億年前の、大酸化事変のときにPALの約1%まで上昇したらしい。その後、およそ6億年前から5億年前のエディアカラ紀からカンブリア紀の間に再び上昇して、約10%までになった。過去5億年にわたり、酸素濃度は比較的高く、比較的安定していて、現在値と比べて約50%から150%の間で推移している。

とまることができた。しかし集まるためには、ある種の細胞どうしの接着、細胞間「接着剤」が必要だった——多細胞動物の進化の成否を決める第二の形質である。接着剤の役割は、コラーゲンとインテグリンという二種類のタンパク質の組合せで提供された。これはその後のすべての動物に見られる。この二つのタンパク質は、柔軟なエポキシ素材のようにふるまう——細胞を接着して、歯や、骨や殻などの、細胞が産出する多くのものもまとめる。コラーゲンの種類は多いが、すべて、ミクロのスクリューのような、三本の並行する螺旋（らせん）を特徴とする。原核生物には先行する形態のものが見られる。私たちは誰でもコラーゲンを知っている。調味料や甘味料と混ぜる乾燥プロテインとして、またゼラチンを使ったデザートとしても売られている。コラーゲンは、動物の細胞膜と結合するインテグリンというタンパク質と連結する。接着剤はこの二つだけではないが、最も重要なのはこの二つだ。動物では、コラーゲンは生体内の全タンパク質の二五パーセントを占める。

コラーゲンとインテグリンともに、動物の進化の初期段階でいくつかの形態が現れた。それはカイメンという、動物でも最古の種に現れ、細胞を特定の位置と向きに保持する。動物が進化を続ける間に、分子による接着剤は、新しい、さらに複雑な体制が成り立つようにするうえで、ますます重要になった。

第三の形質、細胞機能の多様化は、動植物の生物学の中でも興味深いものの一つである。どんなに単純な動物や植物でも、何種類かの細胞でできている。動物では、神経細胞、皮膚細胞、消化管細胞などいろいろな種類がある。植物では、葉、根、芽など、様々な種類がある。成体のいろいろな細胞はすべて、受精卵という一個の細胞からできた。成体になったとき、それぞれの細胞が何をするかにかかわらず、核を保持しているすべての細胞で、そこにある遺伝子物質はまったく同一である。だからこそ、唾液でも皮膚でも骨でも肝臓でも肺でも、どこから細胞をとっても、人の遺伝子を分析できる。しかし、こうした各種細胞は、果たす機能が違っている――その機能もそれぞれの生物の遺伝子に符号として書き込まれている。複合系内で特化した細胞になる過程は、「分化」と呼ばれる。動物では、まだ特定の細胞になる定めになっていない細胞は幹細胞と呼ばれる――この細胞を、神経細胞、肝細胞など、いろいろある種類のいずれかになるよう仕向けることができる。しかし多細胞生物の中でこうした異なる種類の細胞ができるのは、何に由来するのだろう。

　動物でも植物でも、それよりずっと前に微生物で進化した主題を借用し、それを念入りにしている。群体を形成する藍藻類では、光合成する能力を失って、窒素を固定することに特化する細胞がある。この新しい型の細胞は大きく、細胞壁も厚く、窒素を固定してアンモニウムにすることができる細胞は、群体の中ではこれだけだ。また、これは元の光合成する細胞に戻るよう仕向けることはできない――光合成するための遺伝子は保持していても。

　分化には他にもいくつかの例がある。多くの単細胞真核生物は、何らかの形の遺伝子組換えを受けることがあり、そのとき、細胞があちらからこちらへと姿を変えることがある。遺伝子組換えとは、セックスを表す婉曲（えんきょく）表現だ――それぞれ両親の遺伝子を半分ずつ持った二つの細胞は、遺伝子情報を組み合わせて新しい細胞を作り、それがまた自らを複製する。単細胞の真核生物では、生殖細胞は、親とまったく違うように見えることが多い。実際、有性生殖の起源は進化をはるかにさかのぼり、現代の真核生物の藻類にも見られる。「胞子」、つまり生殖細胞は、親の細胞の染色体――それぞれの細胞核にある遺伝子情報の個別の部分――の半数を持っていて、形も大きく異なっていることが多い。

細胞分化は、動物と植物両方の進化の顕著な特徴となった。多細胞生物が発達すると、特定の細胞は特定の機能を獲得する。下等動物とほとんどの植物では、生物は性的組換えがなくても、ただ生物の一部を取り出して、それをエネルギーと栄養源で成長させることによって、複製ができる。そのような場合には、細胞は、他の機能を獲得するための柔軟性を保持している。しかし、ますます複雑になる動物の進化では、この柔軟性が失われ、新たな生物に至る唯一の道は性的組換えを介することになる。これが第四の形質である。

有性生殖は、受精した一個の細胞、接合子をもたらす。これが分裂して胚(はい)に発達するときに、新しいタイプの細胞に分化する。動物でも植物でも、細胞の発達と組織のための情報体系はきわめて複雑になったが、基本的な道具箱は単細胞の先祖が獲得したものであり、微生物群落でのクォラムセンシングと似ている。

動物では、細胞内の遺伝子の転写を導く一群の分子が進化した。この転写因子は、非常に精巧になって、体軸に沿って発達する動物を組織し、細胞分裂と機能を導く。たとえば、動物ではホメオボックス(あるいはまたは科学界の方言ではホックス)遺伝子の集合が、胚の発達中に何百という遺伝子のスイッチを入れたり切ったりする。転写因子はホックス遺伝子と同様、信じがたいほど保存されている場合が多い。それは一九八四年にショウジョウバエ(*Drosophila*)で最初に発見されたが、その後、同様の遺伝子が、クラゲからヒトに至る動物界全体に広がっていることが認識された。

植物ではまったく別の転写因子群が進化した。その一つはMADSボックス遺伝子で、これは生殖にかかわる構造物の発達を組織する。種子が発芽したばかりのときの根と芽の発達に関係するものもある。

動物と植物が別種の転写因子を持ち、どちらもそれぞれの世界では普遍的に分布しているということは、この二つの巨視的な生物のグループの体制を制御することに関係する分子が、両者の最後の共通祖先から分かれた後に進化したことを示している。植物も動物も同じミトコンドリアを共有しているらしいので、動物は光合成する原生生物が色素体を失ったものに由来するとは考えにくい〔そうだとしたらＭＡＤＳボックス遺伝子も共通になるはずだから〕。するとまた、そもそも動物を生んだ進化上の淘汰圧は何だったのかという問題に戻る。

エディアカラ紀の最古の化石は、現代の動物の形態のいずれかと関係するかどうか、はっきりしないが、分子の証拠からは、カンブリア紀の化石記録に保存されているカイメンは、現存する動物の門の中で最古であるらしい（この脈絡では、門とは単に動物や植物の、体制を共有するグループという意味にすぎない。カイメンは海綿動物門（ポリフェラ）に属する。「ポリフェラ」とは「孔（ポア）がある」という意味）。現代のカイメンの基本構造は比較的単純だ。こうした生物は基本的に水が通れる何百万もの穴の枠組となっている。カイメンは真核細胞の巨大な複合系である。その基本構造や餌をとる戦略は、もともと動物がどのように、なぜ進化したのかの手がかりとなる。ここでパーセルが考えた、水のような粘性の高い流体中の小さな単細胞にとっての生活という見方が役に立つ。

カイメンには、現存する単細胞の鞭毛を持つ生物、襟鞭毛虫というグループと密接に関係しているらしい細胞がある。襟鞭毛虫は、微絨毛（びじゅうもう）という、細胞膜の小さな突起でできた小さな襟がある。この生物は鞭毛（フラジェラ――ラテン語の「鞭」に当たる言葉に由来）を使って水中で襟を動かし、襟では微絨毛が細菌などの小さな有機物粒子を捉え、細胞がそれを取り込めるようにする。鞭毛そのものは古くからあるナノマシンで、原核生物にも真核生物にも見られるが、鞭毛の構造は両者では異なっている。襟鞭毛虫のような真核生物では、鞭毛はダイニンという二重になったタンパク質の糸九本でできており、同じ分子の二重の糸が中心にあって、それをとりまいている。ダイニンは分子モーターで、それぞれの糸はATPを加水分解し、その過程で隣の糸に対して曲がってスライドする。一方の手（モーター）を反対側の手の方へ動かし、把手をつかみ、反対側の手を下げてまたつかみ、を何度も繰り返して、一本のロープ（ダイニン）を動かすようなものだ。その結果、鞭毛は前後にしなり、水を押す。このタイプの鞭毛は、単細胞真核生物に生じ、水中を進むために使われたり、粒子の流れを細胞に向け、餌を獲るために使われたりする。この基礎的なナノマシンは、精子の運動から、腸での食物の消化に至るまで、動物での多くの過程に関与するようになる。襟鞭毛虫類に属するほとんどが単細胞生物だが、わずかながら群体を作れる種がいる。単細胞真核生物の群体形は珍しくはないが、襟鞭毛虫の種には、互いに精密にくっつけるような遺伝子を持つものがある。

一八四一年、『種の起源』の出版の一八年前、フランスの生物学者、フェリクス・デュジャルダンは、襟鞭毛虫と、カイメンの内部に並ぶ細胞の形態との類似について記し、その細胞を襟細胞と呼んだ。カイメンでは、襟細胞は協調した動作で鞭毛を振り、毎日何十リットルもの水をカイメンの内部へ通す。カイメンの内部では、襟細胞が細菌などの有機物の粒子を水から分離し、鞭毛を使って群体のための物質を捉え、取り込む。鞭毛の運動は、動物を通る一定方向の水流を作るように同期される。三段ガレー船が漕手の櫓（ろ）の動きをそろえることで進んで行くのに似ている。しかし驚くべきことに、カイメンには神経系がない。個々の襟細胞が互いにどう連絡をとっているのか、無数の鞭毛の同期にどんな信号が関

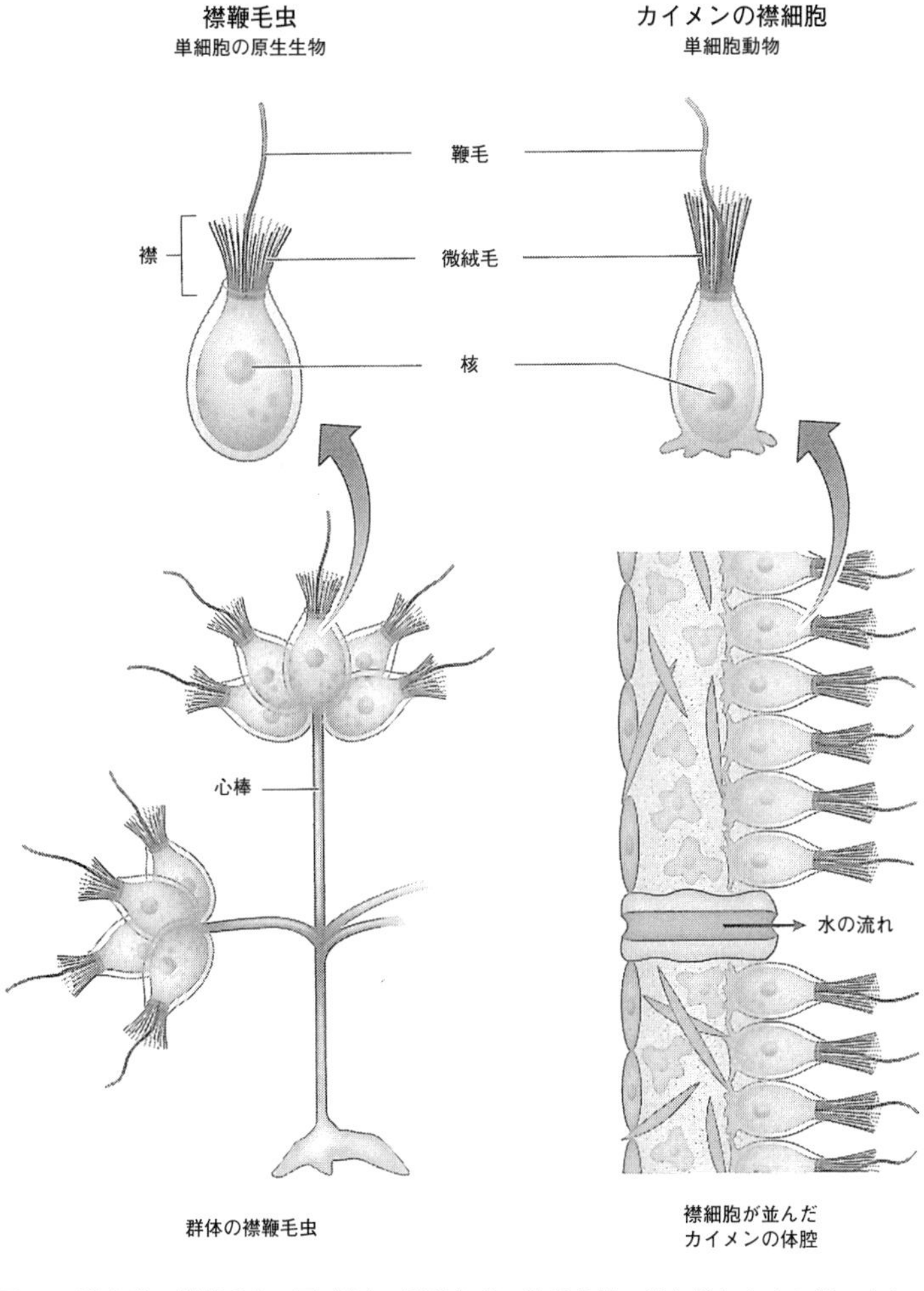

図32　群生形の襟鞭毛虫の図（左）。細菌などの粒子を襟へ送り込むために用いられる鞭毛を示している。粒子は襟で取り込まれる。カイメンに見られる、これとよく似た襟細胞という細胞（右）。

与しているのかは明らかではない。いずれにしても、無数の鞭毛の協調した動きは、大量の水を動かす——その結果、細胞の巨視的な群体は、もはや糖蜜の粘性を持つ流体で暮らしているかのような動作はしなくなる。

カイメンは微生物動物園だ。水から漉し取った微生物のうちおよそ七五パーセントから九〇パーセントほどを取り込むが、何千種という微生物との共生も抱えている。そうした微生物は、カイメンを構成する無数の小さな孔全体で見られる。微生物の中には、私たちの腸内微生物のような、宿主の動物にビタミンなどの化合物を提供することによって栄養をもたらすものがある。宿主の動物を捕食から守るために毒物を作る微生物もある。実は、動物界で最も毒性の高い分子はカイメンで見つかっている。また ある場合には、光合成する藻類が動物に内蔵されていて、これが栄養源を提供し、一方では同時に宿主の廃棄物を再利用することもある。カイメンと微生物の連帯は、巨視的な世界にも微視的な世界にもある、もっと広い互恵的関係の先駆けだった。

カイメンの進化は、多細胞になることに潜在する利益の予兆だった。襟鞭毛虫や、他にいくつかの真核従属栄養生物は、海や湖に固着するが、無数の襟細胞の協調的な運動によって、カイメンは単細胞でいるよりもはるかに大量の水を利用できるようになる。結局、カイメンは生涯を一か所で過ごすが、毎日何十リットルもの水を体に通すことによって、細菌などの餌になる粒子をあさる面積は、祖先のただ群れていた単細胞真核生物の場合の何倍にもなる。何万もの細胞全体で栄養を共有することによって、細胞一個あたりの餌を獲得するために費やされるエネルギー量は大きく削減される。さらに、そのような水流を生物体に通すことで、酸素の供給も、高い代謝率を維持できるだけのものになる。加えて、栄養、毒、それぞれの微生物を抱えることにより、カイメンは自足的になり、捕食されにくくなる。細胞をネットワーク化することには利益がある。

動物の体制の進化は、ダーウィンの時代より前でさえ、進化の礎石の一つだった。貝のような殻を作る動物は、蛇や鳥や人間のような背骨を持つ動物とは根本的に違うと考えるのは、巨視的な規模では当然のことだ。そのような意味では、オートバイ、自動車、一八輪のトラック、外洋船、ジェット機は体制が異なる。それでもすべてエネルギー源を必要とするエンジンがあり、すべて同種の燃料を使っている。この人工的な機械は一五〇年くらいの幅で発明された――そしてその進化は後から見ればものすごく速くても、異なる形の乗り物を推進するための仕組みは共通の基本原理に基づいている。同様の原理は、動物の進化にも成り立つ。

コアとなるナノマシン――共役因子、光合成の反応中心、シトクロム、電子輸送体――は、すべての動植物に関与しており、それより何十億年も前からいた微生物で進化した。その仕組みはまず動物の多くの体の形態に当てはめられた。動物は生命の樹では小さくて比較的ささいな枝であり、動くには基本的に同じ仕組みを用いるバイクや車やトラックに多くの型式があるようなものだ。実は、動物や植物における代謝機構は、祖先の微生物のときよりもずっと多様性がなく、動物は、祖先の微生物が利用できた（今でも利用している）燃料の多くを使えない。しかし、動物はその祖先である微生物とは違う新たな過程を他に獲得した。

その新たな過程にはそれぞれ意味があり、すべてを列挙することはないにしても、動物が成功できるようになる鍵になったいくつかの革新に注目したい。必須度が高い方の過程には、長距離運動性と感覚系、神経系と脳の形成がある。そうした装置のそれぞれについて、微生物に由来していたり、類似したものがあったりする。動物はそれ以前に存在した遺伝子を修正したのであり、新しい遺伝子で始める必要はなかった。

運動性は、動物の進化における最初期の革新の一つだ。カイメンは大部分が動かないが、それに近い親戚であるクシクラゲ類は泳ぐ。この小さな動物は、透明な超小型フットボールのように見えるが、外側の面には、多数の鞭毛のような構造物、繊毛を備えた細胞が八列に並んでいる。繊毛は一斉に水をかいて、この動物の外側の面に沿って波を起こし、それによってこの動物は水中を進む。いくつかの点で、この推進装置の造りはカイメンの裏表を逆にしたものとなっている。この装置は単細胞の生物から適応したもので、あまり効率的ではなく、生物が大きくなるにつれて放棄された。しかし、それは、水中の単細胞生物がぶつかる小規模での粘性の問題を乗り越えるには十分に機能した。クシクラゲ類はこの装置を運動に使うものとしては最大の生物である。クラゲのような刺胞動物の進化とともに、推進力は水のジェットを作ることに基づくようになった。水は口のような開口部から押し出される。

小型フットボールでは、流体力学的特性はあまり高くない。世界中の海軍はそのことを知っている。潜水艦は要するに細長いフットボール形だが、これは水中を進むのに多くのエネルギーを必要とする。蠕虫、昆虫、魚類、爬虫類、鳥類、哺乳類のような左右対称的な動物が進化すると、細胞の相当部分が発達して筋肉——これは他の細胞、つまり神経に制御される——になり、それが協調して動物を水中や空中で非常に効率的に動かす。こうした方式の進化には一群の分子モーターが必要で、その役割は、「ミオシン」と呼ばれるタンパク質群が埋める。これはATPを使って、別の「アクチン」というタンパク質上を「歩く」。ミオシンを符号化する遺伝子は、長い間、動物だけのもの、とくに左右対称の動物のものと考えられていた。ところが遺伝子配列がわかってくると、クシクラゲ類はミオシンを含むだけでなく、その遺伝子は単細胞真核生物、とくに襟鞭毛虫に由来することが明らかになった。動物は基本的にそれより何億年も前に進化していた遺伝子を拾い出して再利用していたのだ。単細胞生物にあった装置が、何億年もたってから、何百万倍もの質量がある動物を動かすようになる。

同様の主題は感覚系の進化にも見られる。多くの原核生物の微生物は、動物の味覚や嗅覚に似た化学感覚系を進化させた。視覚は、微生物由来の装置をもっと複雑な生物に転移させるのが難しそうな古典的な例のほんの一つにすぎない。長年、眼の進化は複雑すぎるので、神の導きがあってこそ可能と見られるほどだった。実際、ダーウィンは眼の進化については悩んだらしいが、この問題についての思索が行き詰まったのは情報が足りなかったからだ。『種の起源』の初版には、ダーウィンはこう書いている。

眼には、様々な距離に焦点を合わせ、いろいろな量の光を通し、球面収差や色収差を補正するための、まねのできない仕組みがあるが、それが自然淘汰で形成できると想定するのは、率直に告白すれば、とことん理に合わないように見える。それでも、理性が私に語るところでは、きっと完璧で複雑な眼から不完全で単純な眼まで数々の段階があって、その各段階がそれを保有する者に役立つことが示せるのだが、そうだとしても、またさらに、眼が少しずつばらついて、そのばらつきが継承されることも言えるだろうが、そうであるとしても、さらにまた、器官の何らかのばらつきあるいは修正が、変化する一生の条件の下で動物に役立つとしても、完璧で複雑な眼が自然淘汰で形成できると信じることは、我々の想像力では何とかなっても、現実とは考えられない。

ダーウィンは微生物が光センサーをいくつか進化させていたことを知らなかった。人間の眼では、レチナールという色素（ビタミンAに由来する）がオプシンというタンパク質と結合する。オプシンは非常に大きなグループをなすタンパク質で、いずれも、細胞膜を貫通する七本の螺旋という同じ基本構造を共有している。動物では、レチナールを含むタンパク質〔「ロドプシン」〕は光センサーとなるが、多くの微生物ではよく似た色素が他のオプシンに結合している。微生物のロドプシンは世界中の海にわたってきわめてありふれている。この色素とタンパク質による二種類の複合体は一つの共通祖先に由来するのだろうか。どうやらそうではなさそうだ。オプシンは少なくとも二度、独自に進化したらしい。原核生物といくつかの単細胞真核生物では、オプシンは、細胞膜を挟んで電気勾配を生み出すために使われる陽子のポンプとして使われていることが多い。この色素・タンパク質複合体は、やはり膜を貫通する七本の螺旋があるが、そのアミノ酸配列は、動物の眼にあるオプシンの配列とはまったく違う。微生物では、色素・タンパク質複合体はエネルギーを得るために使われる。微生物はロドプシンを使って陽子を細胞膜ごしに運ぶ。陽子は渦巻く共役因子を通って流れ出て、光が存在する中で細胞にATPが作れるようにする。しかし同じ色素・タンパク質複合体が、光センサーとしても働ける。多くの単細胞真核生物では、ロドプシンによって細胞は特定の色の光のほうへ泳ぐことができるようになる。色素は基本的に保持され、広い範囲の単細胞真核生物に見られる、著しく似た構造体にあるいろいろなタンパク質とともに再利用される。後には動物でも、別のタンパク質と結合して再利用される。

いくつかの単細胞真核生物藻類に見られる眼点は、ロドプシンを含む原始的な光学センサーだ。この種のオプシンを符合化する遺伝子は、微生物のいくつかの系統で水平伝播したらしい。オプシンはサンゴにも見られる。こちらでは、色素・タンパク質複合体は光を感じ、サンゴはそれを合図にして産卵する。光を感じるだけでなく、像を結ぶ本当の眼の進化では、同様のロドプシンが膜を貫通して層をなす。コラーゲンでできたレンズが形成され、光学「カメラ」のような眼は、感覚系につながり、複雑な器官、つまり、像を記録して以前の記録と照合できる脳につながる。脊椎の胚発生の中では、眼は脳が直接拡張して形成される。

先にも述べたように、生きた細胞はすべて細胞膜を挟んで電気勾配を維持している。電気勾配は、環境から細胞内へ栄養を輸送し、細胞から環境へ廃棄物を戻す決め手である一方、それは感覚系としても作用し、光、温度、栄養分の勾配を細胞が感じるようにする。動物では、神経細胞(ニューロン)という特殊な細胞が進化して、電気エネルギーを送ることによって行動を調整する。動物の進化では、感覚系——味覚、嗅覚、視覚など——も電気信号を生み、餌を獲り、同じ種のしかるべき性の相手と交配し、捕食者から逃げ、学習できるように、運動と協調させなければならなかった。

どの動物にとっても生き残るのに必須のこうした基本的な機能は、何十億年も前に進化した細胞の膜に由来する。しかし動物の内部に配線と脳を作るには、重要な革新が必要だった。細胞は情報のゲートとならなければならない——つまり、放電のスイッチを入れたり、一瞬だけ導線に信号を通したりするということだ。信号には方向性がなければならない——導線の一方の方向だけに信号を送り、逆には送ってはいけない。細胞はその信号を別の細胞に送って導線を伸ばしたり、ネットワークを調整したりしなければならなかった——そうするために、化学通信システムを必要とした。化学信号は単純な分子に基づいていて、その多くはアミノ酸に由来し、この動物細胞内の通信システムは、微生物のクォラムセンシングという基礎の上に成り立っている。こうした進化での革新は、神経ネットワークを生み、最後には脳を生んで、これが情報をまとめ、配線を双方向通信のパターン——感覚と応答——で制御する。

神経ネットワークと脳のシステムは、動物の進化が続く間にますます複雑になった。それは発現する特性だ。それは初期のコンピュータができるときにたどった方向と似たところがある。最初のコンピュータは処理速度も遅く、メモリもごく少なかったが、計算機学者や技術者が学習するにつれて、さらに高速で、小型化し、価格も下がり、はるかに洗練されたシステムができるようになった。この基本的な過程が動物の神経系にも生じて、地球の動き方にも巨大な変化をもたらした。しかしその点を調べる前に、惑星規模での共生という概念を理解しなければならない。

動物の進化は、陸生植物の進化よりも約二億年先行していたらしい。それでもこの二つの生物群は、非常によく似た道をたどった。陸生植物は緑藻類の一群に由来し、四億五〇〇〇万年ほど前に陸地に移住し始めた。恒常的な水源、栄養源から離れたこの初期の開拓者は、陸という、乾燥した過酷な環境で生き残れるようにする新しい形質をいくつか進化させる必要があった。動物と同様、植物も、細胞がくっつき合うようにする接着剤を進化させたが、植物の場合、その接着剤は糖の高分子、セルロースで、これは植物には作りやすい。セルロースは窒素もリンも必要としない——炭素、酸素、水素だけでよく、いずれも豊富にある。加えて、セルロースとその派生物はほとんどの微生物には分解しにくい。動物は紙〔セルロースが主体〕を消化できない。動物の腸にいる特定の微生物だけが消化できる。セルロースは植物に陸上での構造的支持を与え、陸生植物が死ぬと、セルロースの一部が土壌と一体化し、一部は洗い流されて海に入り、そこで堆積物と一緒になる。

その五億年前、単細胞光合成真核生物が埋もれたときのように、陸生植物の進化と死は、地球大気での酸素濃度を上げた――大漁だ。陸生植物は当時の生物学的革命的多数派（ボルシェヴィキ）となった。現代の樹木の先駆けとなった大型陸生植物の成長と死によって、三億五〇〇〇万年前の地球大気の酸素濃度は三五パーセント――つまり現在の濃度の六七パーセント増しになった。その結果どうなるだろう。

大気中の酸素が増えると、海から動物が大量に陸上に上がってくることになった。蠕虫、甲殻類、カタツムリ、背骨のある動物、いずれも陸上に這（は）い出して、新しい地形に定住した。植物の上陸とは違い、動物の陸地への登場は多くの生物が複合的に侵入した結果だった。最初に進化した動物――カイメンやクラゲの類――以外の、ほとんどどの体形の動物も、陸への移住を果たしている。

陸上の植物の成功に促されて大気中の酸素濃度が増えると、動物にもいくつかの革新が可能になった。甲殻類の親戚が進化して昆虫となった。昆虫の場合、酸素は体側に並ぶ小さな開口部を通じて拡散により供給される。羽を広げると幅が五〇センチにもなるトンボの化石がこの時期の地層から見つかっている。そのような大きな昆虫は、きわめて高い酸素濃度でなければ生きられない。最初に陸に上がった魚類は、その後、両生類、爬虫類へと進化し、さらにずっと後には恐竜（鳥類も含む）と哺乳類になった。しかしそれにはもう少し調整が必要だった。海洋生物は酸素を内臓に輸送するシステムを進化させていて、大きく複雑な体になることができたが、循環系が同じでは水分が大量に失われるために、陸上では簡単には機能しない。水中での酸素の拡散は遅いが、生物はこのガスを、細胞で直接、あるいは表面積が大きい鰓(えら)のような専用の器官でやりとりする。このガス交換装置は空気中では簡単には働かない。生物はすぐに乾燥してしまうからだ。この問題を克服するために、ガス交換過程は体内で行なわれるようになり、生物は水が簡単に環境へしみ出すのを防ぐような体表を進化させた。ガス交換は、酸素を遠くの部分へ輸送する流体を使う循環系によってさらに加速された。循環系は、ガス交換過程を効率化するためのポンプを必要とする――カイメンのように流体を押す協同する鞭毛細胞群を持つのではなく、単細胞ごとの分子モーターは、とくに筋肉と神経細胞という特殊化した細胞機能に切り替えられた。

筋肉は大量のATPを使って毎秒何億というミオシン分子をアクチンの綱の中で動かす。神経細胞は大量のエネルギーを使ってその細胞に点火する。微生物と比べると動物は、生物学的には、ジャンボジェットが、遊びで乗る自転車の世界にいるようなものだ。これは逆説に見えるかもしれない。何かの動物を選んでエネルギー消費を測定するとすれば、個々の細胞を一層にして巨大なペトリ皿に置いたとした場合よりもはるかに低くなるだろう。それは動物にある個々の細胞は最終的には酸素の拡散によって制限されるからだ。しかし、動物による総エネルギー生産量は、亀や蛇のような変温動物についても、きわめて高い。鳥類や哺乳類のような、もっと高い体温の活発に動く動物にとっては、エネルギー需要は爬虫類の四倍から八倍になる。

動物はエネルギーをすべて、光合成する生物に頼っている。海では食物の供給はほとんどが植物プランクトンが占めるが、これは大型の動物には収穫しにくい。植物プランクトンのエネルギーは、小型のエビのような動物プランクトンなど小型の動物を経由してもっと大きな動物へと伝えられる。このエネルギー転送には対価が伴う。食物連鎖の階段を上がるごとに、一〇パーセントほどのエネルギーしか次の栄養レベルに確保されない。たとえば、植物プランクトンが一〇〇キロあれば、動物プランクトンは一〇キロできる。しかし一〇キロの動物プランクトンからは、一キロの魚しかできない。海では、風によって海水がかき混ぜられ、海底に沈む栄養分が表面に上がってくるところで、植物プランクトンの密度が高い。こうした「涌昇流（ゆうしょうりゅう）」は大陸のへりの浅い海で生じる——そのため漁業はそうした領域でも盛んに行なわれる。しかしその結果、植物プランクトンの細胞の平均寿命は五日ほどになる。細胞が分裂するのはおよそ五日に一回なので、生まれる二つの細胞のうち一つは食べられる。地球の光合成する生物量のうち、海には〇・二パーセント分しかない。しかし陸上では、残った九九・八パーセントの光合成する生物量のうち、ほとんどは食べられない。樹木にある葉のほとんどは木にとどまる。しかし栄養転移については陸でも海の場合と同じ法則があてはまる。一〇〇キロの草があれば、馬一〇キロができる。しかし、草の成長は速く、集中する傾向があるので、バイソンは巨大になることができ、また大きな群れをなすことができる。陸上の生態系での栄養転移についての数字は一般に海より小さく、草の進化は、過去五〇〇〇万年の大型哺乳類の進化にとっては無視できないチャンスとなった。

豊富な燃料補給によって、生物の感覚器官と、運動器官へのフィードバックには、匂い、視覚、味、音に対するセンサーが進化するという形で、巨大な競争力のある革新が生まれた。動物は、餌になる植物や捕らえる獲物をさらに精巧に選別する装置を進化させ、植物は、動物の廃棄物をますます精巧に使って成長するだけでなく、動物を使って花の受粉を行ない、種子を広い範囲に届ける装置を進化させた。植物どうし、植物と動物、動物どうしの共進化は、さらに複雑で相互作用も増えた適応する装置を生んだ。

複雑になる安定した系を維持するには、各生物種は時間とともに適応することを必要とする、そうでないと古い進化上の形質が時代遅れになって、その種は絶滅することになる。なぜかというと、環境は、地質学的な時間の規模でいつも変化していて、つねに自然淘汰が作用しているからだ。

生物がいつも進化しているという考え方は、一九七三年、アメリカの進化生態学者リー・ヴァン・ヴェーレンによって、「赤の女王」仮説というおもしろい名で呼ばれた。『鏡の国のアリス』に出て来る話を元にした名である。ヴァン・ヴェーレンの基本前提は、個々の種は、進化上の適応度を維持するためには「その場で走り続ける」必要があるということだ。今日見られる楢の木は、五〇〇万年前の楢の木と同じではない。これによって、生態系の光景が絶えず変化する中での狩猟採集の進化ゲームになり、生物学的革新のステップ数が比較的少なくても多様性がもたらされた。

生物多様性は、生命を維持するコアとなるナノマシンを符号化する遺伝子を、生存を脅かす危険だけの広大な地形全体に地質学的時間にわたって運ぶ決め手となる。しかし多様性そのものが時間とともに変化し、特定の形質の進化が適応的なのは、地球の歴史の中ではほんのつかのまだけのことだった。生物は移ろう容器であり、使い捨てだ。しかし遺伝子は違う。

たまたま進化しても、非常に特異な形質によって残ったある生物が、最近、急速に地球を支配するようになり、二四億年前の大酸化事変や約四億年前の陸生植物の進化以来、他に例がないほど地球を乱している。複雑な相互作用をする大型生物の地形の中で、人類は地球では新しく登場した動物だが、進化の中で急速に新しいボルシェヴィキとなっている。私たちは他の生物とは違うので地球の歴史とは無関係と思われがちだが、果たしてそうだろうか。

第9章　壊れやすい種

私が子どもの頃、夏になると、父は私を、ハーレムの公団アパートから一五分ほどのところにあるリバーサイドパークへよく連れて行った。父は一九〇一年の生まれだが、それより五〇年以上前、リバーサイドパークは巨大な墓地だった。そこは一八四二年、コレラ、天然痘、チフスによってニューヨーク市の死者数が急増し、町のはずれにある墓地が過密になっていたので、遺体を収容するために、ニューヨーク市の布告で公式に墓地となった。後には布告によって、市はリバーサイドパークを南北戦争で戦死した兵士の大規模な墓地として使えることになった。もっとも、この地への死者の埋葬は、その一〇〇年以上前から行なわれていた。

グラント将軍の墓所の向かいにある目立たない小さな墓の区画に、一七九七年に数え年五歳で亡くなった「かわいらしい子（エマブルチャイルド）」の小さな墓碑がある。墓はフェンスで囲われ、花崗岩（かこうがん）の墓碑があって、ハドソン川や、ニュージャージー州のパリセーズ崖を見下ろすところにあり、聖クレア・ポロックが埋葬されている。一七九七年には、そこはきっと壮大な安息の地だった。そこからの眺めは世界でも有数の美しい場所だっただろう。

私は子どもの頃、病気がちで、合わせて六か月は病院で過ごした。生き延びてその後は健康だが、その「かわいい子」がどうして亡くなり、昔はそんな幼い子どもが頻繁に死んでいたのはなぜかと、よく考えていた。また、自分が病院で死ななかったのは幸運だったとも思っていた。

私たち人類には、長い微生物との共生の歴史がある。その歴史の一部は穏やかな共存の歴史だが、その穏やかな面は、私たちを殺すよう進化でプログラムされて侵入する微生物と私たちの間の、下層にある恒常的な戦争の上に重なっている。しかし、自身の進化に由来する、その戦争で有利になる形質もいくつかないわけではない。この戦争そのものが、人類の歴史の中で、人類と微生物の進化の軌跡に大きく影響している。微生物との紛争で何らかの利点をもたらす形質の一つを考えてみよう。

複雑な言語と抽象的な思考の進化は、人間を他の動物と区別する興味深くも重要な形質の一つだが、仕組みのレベルではまだ一部しか理解されていない。進化の鍵を握る変化は、人類に分かれる直前の祖先となる霊長類での二つの突然変異らしい。この突然変異は「フォークヘッドボックス」遺伝子、つまり「Foxp2（フォックスピーツー）」に書き込まれている二つのアミノ酸を変えた。この遺伝子は、人間のゲノムでは7番の染色体にある。Foxp2遺伝子によって表されるタンパク質は、胎児が発達するときに多くの遺伝子の表現を制御する転写因子だ。人類の場合、この遺伝子は、言語に関与するブローカ領野など、脳のいくつかの領域の発達にとって決定的である。Foxp2遺伝子の要になる領域で突然変異が起きると、言葉を話し、明瞭に発音し、理解することができなくなる場合がある。このいわゆる言語遺伝子は、霊長類と人類の間の、小さくて一見するととるに足りない突然変異から進化したものだが、人類の進化の形を変えるほどになった。

人間の話す能力と複雑で抽象的な思考を伝えあう能力に関与する遺伝子は疑いなく他にもあるが、それが何であれ、異なる進化の様式を準備した。人類学者はその様式を「文化進化」と呼んでいる。私はこの現象を情報の水平伝播と呼ぶ方がいいと思う。そのような思考を高速に伝える能力は例外的なものであり、また例外的に深い。人類は複雑な情報を世代の垣根を越えて、ほとんど瞬間的に伝えることができる唯一の動物だ。その結果、獲得された知識は遺伝子の淘汰なしに保存できる。水平伝播による伝送は、人類を赤の女王の制約から脱出させてくれる可能性があった。たとえば、情報の水平伝播によって、私たちを殺せる微生物にさらされないようにしたり、その生物としての戦略を制御できるとしたら、先制的に対抗手段を発動してその微生物を殺すことができるのではないか。そのとき、私たちは微生物の進化の道筋を変えたりするのではないか。

人類と微生物は、この二万年の間、あるいはもっと前から、急速に共進化してきたと論じることは十分にできるだろう。確かに人間も微生物もともに利益を得ている。たとえば、考古学的な証拠からすると、初期の狩猟採集部族は穀物を発酵させ、アルコール飲料、たぶんビールの類を作る能力があった。自然の微生物である酵母が穀物の糖分をアルコールに変える。紀元前三五〇〇年頃には、ビールはサマリアなどの文明のゆりかごで人気の飲み物だった。同様に、酒は文字による歴史以前からあると考えられる証拠もある。考古学的な証拠からすると、紀元前七〇〇〇年頃の中国で作られていて、紀元前三二〇〇年頃には、中東一帯でワインが作られていた。穀物や果実を発酵させてアルコールを作るのは、その後、アジアとヨーロッパ全体に広まった。人間の文化の中で微生物にとっての好景気が始まったのだ。

微生物による発酵処理は、多くの文化で独立して考えられており、多くの食物を使って、チーズづくり、大豆の加工（たとえば味噌や醤油にする）など、豆、穀類、果実、野菜、魚、さらには肉からいろいろな製品を生み出している。

発酵処理は、私たちが微生物と「平和に」共存している例であり、人間の視点からは少なくとも三つの目的に役立ってきた。それによって食物の保存期間が延びる。この点は、食物供給が季節的に手に入る量に拘束され、他の保存手段がおいそれとは使えなかった頃にはとくに重要なことだった。発酵は栄養価の高い食物を生むことも多い。微生物が発酵の過程に関与していることが理解されるよりずっと前から、味などの属性についての人間による選択を通じて、特定の微生物が人間の食物で培養されてきた。発酵は食物を消化しやすくもする。消化できない物質を微生物が分解し、人間の消費にとって扱いやすくする。ココアやコーヒーの豆は、豆を覆うパルプ質が微生物によって自然に分解されてから、豆が摂取され、腸でさらに処理される。

微生物は、人間が選択の対象にしたくなる技を行なえる仲間の筆頭にいる。ごくわずかな種類が得意技を見せる、たとえばある特定の糖を特定の酸にして、ある種のチーズやビールやパンなどを作ることによって、要するに見えない「ペット」となった。しかしこうした「良い」微生物も、他の微生物に追い出されることがあり、すると食物は有毒になり、人が病気になったり死んだりすることもある。

過去には何世紀もの間、微生物感染による幼児の死亡はよくあることで、どの家庭でも、生まれた子どものうち半分以上が生殖年齢に達するまで生き残ることはないと想定されていたほどだ。たとえば、六世紀には、ノミが媒介して伝わるペスト菌（*Yersenia pestis*）という細菌によって引き起こされる腺ペストの流行で、ユスティニアヌス一世のビザンチン帝国では約五〇〇〇万人が死亡した。一四世紀には、またペストが流行して、ヨーロッパの全人口の約五〇パーセントが死亡した。腺ペストの大流行は一七世紀になっても、イングランド、イタリア、スペインで続いた。

一九世紀には、コレラ菌（*Viblio cholera*）に感染して発病するコレラの流行がアジアではあたりまえにあって、何千万もの人が死んだ。この病気は、飲料水が下水で汚染されて広がり、ヨーロッパを席巻して、ハンガリー、ロシア、イギリス、フランスで何千万人もの死者を出し、移民によってアメリカにもやって来た。一八四九年、ジェームズ・ポークも、合衆国大統領の任期を終えて三か月後の六月、コレラで亡くなった。一九世紀には、チフス、天然痘、結核、肺炎、インフルエンザでも厖大な数の人々が死亡した。明らかに、微生物の人間の健康に対する脅威は甚大だ。

微生物は口を通じて食物や水から体内に入り、呼吸する空気から肺に入り、セックス、動物による咬傷（こうしょう）、さらには切り傷からも感染する。呼吸循環器系、消化器系に打撃を与え、人間の集団という広い範囲に簡単に伝染する大規模な感染を引き起こす。微生物はきわめて強力な神経毒、腸毒素など、特定の機能を標的にした無数の分子を生み出す。神経や筋肉を標的にするボツリヌス毒素を、筋肉の痙攣（けいれん）やしわを減らす治療や美容の医療として使うときなど、毒の効果を制御できることもある。しかしたいていは、こうした強力な毒素の作用は、微生物が体内に入ってしまうと制御するのは難しい。要するに微生物は、二〇世紀までは多くの人々を死なせることによって、人間の集団を支配下に置いていた。微生物の感染は今でも多くの人々、とくに低開発国や開発途上国の人々に影響を及ぼしているが、二つの主要な躍進によって、人間と微生物との関係は変化した。

まず、特定の微生物との接触を最小限にすることによって病気が避けられるという認識。そうなるうえで、微生物の毒との接触の面で大きかった変化は、水を家庭に届け、排水する方法にあった。水が媒介になる病気の脅威は、水を処理し、下水と人間の接触を減らすという両面で、何世紀かの間に大きく減った。アジアでは薬草や香草などとともに煮沸した水が普及し、穀物や果実の発酵によるアルコールの添加も広まった。この二つの処理は水を安全な飲み物にするために、何世紀もの間、いろいろな形で用いられた。下水処理システムはずっと遅れて登場したが、これも微生物による病気との接触のリスクを大きく低減した。上水の供給と下水の排出に関する知識は一九世紀に急速に高まり、先進国のしるしともなっている。

第二の躍進は、微生物を殺す自然の代謝の発見だった。「抗生物質（アンティバイオティック）」という言葉は、私がいる研究室のすぐ外の土のサンプルから分離されたある微生物によって作られる分子、ストレプトマイシンを発見した、故セルマン・ワクスマンが作った。その発見によって無数の患者が回復した。先進国の中では、一生のうちに抗生物質の投与を受けたことがない成人の例を見つけることは、ほとんど不可能だろう。二〇世紀の半ばには、抗生物質を家畜に投与すると肉や乳の生産が増大することも発見された。アメリカ合衆国で消費される全抗生物質のうち約八〇パーセントは、人間の健康のためではなく、家畜による生産のために用いられている。実は、今やとくに畜産業でいろいろな抗生物質が用いられているので、多くの微生物が普通の抗生物質には免疫になってしまっている――そうしてまた人間を死に至らしめるべく反攻しつつある。微生物の免疫は突然変異による。微生物は複製が非常に速く、何時間もかからないほどなので、自然に生じる突然変異は急速に蓄積する。その突然変異が抗生物質の使用によって淘汰される。今生きている微生物は生き残りで、淘汰をくぐりぬけており、遺伝子の水平伝播によって、無数の微生物群落全体に急速に広がる。こうした有毒の微生物は、人間に対する反転攻勢を始めている。その結果、結局は赤の女王的な進化と言えるもので巻き返し、人間の側が防御を固めることが、微生物側の攻撃力を高めるという繰り返しになる。

赤の女王サイクルで最終的に誰が勝とうと、人間の知識は獲得され、情報の水平伝播によって世界中に広められ、人間がこの地球を一時的に支配するのを助ける効果があったことは明らかだ。進行中の微生物との戦いは、人間の大勝利を生んだ。微生物は抗生物質への耐性を強めてはいるが、人間が生きることへの制約は、無視はできないものの、ほんの一〇〇年前と比べてもはるかに小さくなっている。言語の進化と急速な情報伝達が、人間の集団の成長に対する微生物の抑制を削減するのに役立った。私たちは一時的に赤の女王の制約を逃れ、そうなる中で人口の指数関数的増大の時期に入っている。

私は学部学生の頃、ニューヨーク市立大学のシティ・カレッジにある微生物学研究室にいて、実験用の藻類のいくつかの系統を育てていた。実験室では、養分の肉汁を加えた培地で一個の微生物を育てると、単純な道筋をたどる。接種してしばらくは細胞の成長はゆっくりで、これは誘導期と呼ばれる。しかしばらくすると、細胞は新しい環境に慣れて、増殖の速さが増す。この時期には、集団の成長は指数関数的になる。二個の細胞が四個になり、四個が八個になるという具合だ。いずれ、培地の何らかの養分が限界に達し、細胞はその限りある資源をめぐって競争するようになる。そうなると、成長率は下がり、個体数は頭打ちになる。

第四の段階もあるのだが、教科書ではめったに取り上げられない。細胞が頭打ちの時期に達して養分にしばらく制約される、生存のための基本的なナノマシンを作るのも難しくなることがある。すると多くの細胞が「自殺」する。この現象は、ある大学院生がずっと前に偶然に発見したものの、何年もの間それ以上考えていなかった。今では自己触媒細胞死と呼ばれる。

この基本的な成長軌跡は現実の世界ではもっと複雑で、他にも多くの微生物がいて同じ資源を求めて争わざるをえず、またいつも捕食者やウイルスがいて、個々の微生物集団を抑制している。現実世界では、個々の種が指数関数的成長期で飛び抜けて海や陸を支配することはまずない。天敵のいない外来種でもなければ、あるいは土着の生物を上回れるだけの特異な特色を持っているのでなければ。

微生物の成長での「抑制均衡」の概念は、人類も含めたどんな種にもあてはまる。西暦一年には、世界中で二億五〇〇〇万から三億の人口があったと推定されている。一八〇九年、ダーウィンが生まれた年には、地球上にはおよそ一〇億人がいた。一九世紀が終わる頃には一六億人になり、世界的な平均寿命はわずか三〇歳だった。二〇世紀末には六〇億以上の人がいて、平均寿命は倍以上の六五歳になっている。二〇五〇年には、九五億の人口があり、その一人一人が食物、水、エネルギー、繊維を必要としている。人口学者はこれが人口の上限だと予想するが、それを確実と言える人はいない。最終的には何かが人大きく人口が増大するとなると、私たちはどうやって自らを維持できるだろう。最終的には何かが人口を制約する。その何かとは食糧だろうか。水か。エネルギーか。空間か。微生物は進んだ抗生物質に対してますます耐性をつけ、再び人間を大量に殺すだろうか。あるいは私たちは微生物に制御された地球の化学的状況を恒常的に歪め、人間にとってますます住みにくくするだろうか。

この地球が――人間によって――大きく変化することになる、ある小さな事件について考えてみよう。一八五九年、ビッグベンが最初の鐘を鳴らし、ロンドンの出版社ジョン・マレー・アンド・サンズが

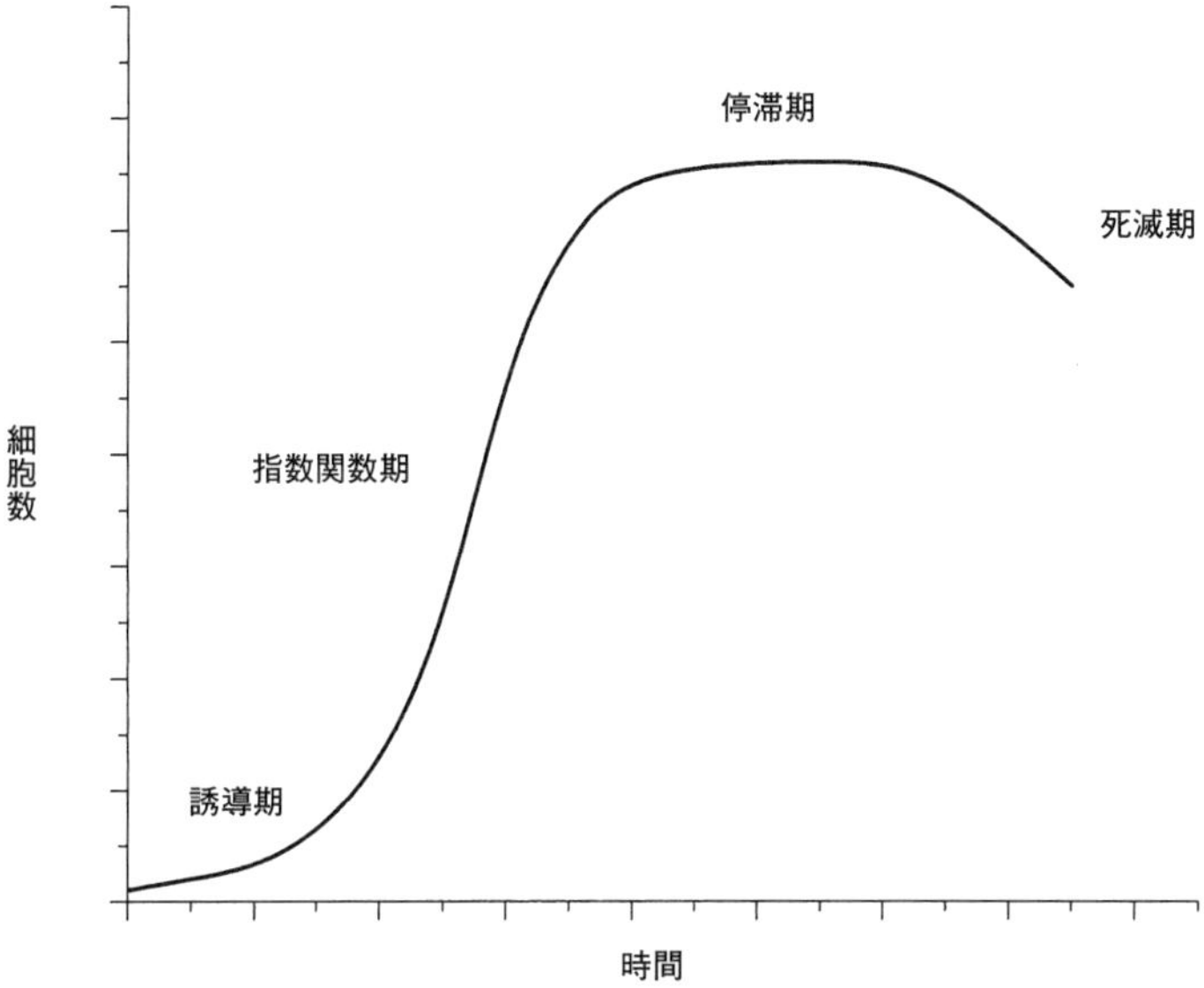

図33　微生物の典型的な成長曲線。接種すると、細胞は誘導期を経て指数関数的成長を始める。ある時点で養分などの資源（たとえば藻類の場合なら光）が限られるようになり、成長率は下がり、最終的に停止する。これが停滞期である。養分や希釈液を補わずに長い間放っておくと、細胞は死に始める。

『種の起源』初版を印刷機にかけた年、大西洋の反対側では、アメリカの鉄道員だったエドウィン・ドレイクがペンシルヴェニア州タイタスビル近郊で初めて大規模な油田を掘削した。この出来事は、現代盛んな石油探査、最終的には石油搾取の始まりを画することになる。当時、石油（ペトロリアム）（文字どおりには「岩石の油」）の市場は限られていた。その最初の用途はランプ用の油、灯油（ケロシン）を作ることだった。

灯油ランプはアメリカで、ブルックリンの無名の発明家ロバート・ディーツによって開発されていて、ディーツは灯油ランプを作る工場を所有していた。そこで設計されたランプは煙をほとんど出さずに明るく燃えた。そのランプは、四〇年後の白熱電球の発明と同じく時間とともに姿を変えたが、最初に開発されたときは、ディーツには安い燃料源がなかった。当時のランプの主たる燃料の原料は鯨油で、とくにマッコウクジラのものが使われた。タイタスビルの油田は灯油を作るための新しい原料を提供した。ディーツの灯油ランプの発売とともに、国中にこのランプが劇的に広まった。当時の新技術の台頭により、鯨油の需要が減ることになり、捕鯨産業は一九世紀の後半、図らずも崩壊することになった。灯油を灯りの燃料として使うことで、鯨を絶滅するまで捕らなくてもよくなったとも言えるが、他にも意図せざる結果があった。

二〇世紀の初頭には、石油産業は急速に工業化する国々での経済成長の原動力となっていた。灯油を精製するときの副産物の一つに非常に揮発性の高い液体、ガソリンがあった。当時これには市場がなかったので、廃棄物としてただ燃やされていた。しかし一九世紀の末、何人かの人々がいくつかの形で内燃機関を開発していた。一八七六年、ドイツの技術者ニコラウス・オットーが、何人もの仲間の助けを借りて、一〇年以上の実験の後、石油精製物で動く内燃機関の開発に成功した。ガソリンは安く、す

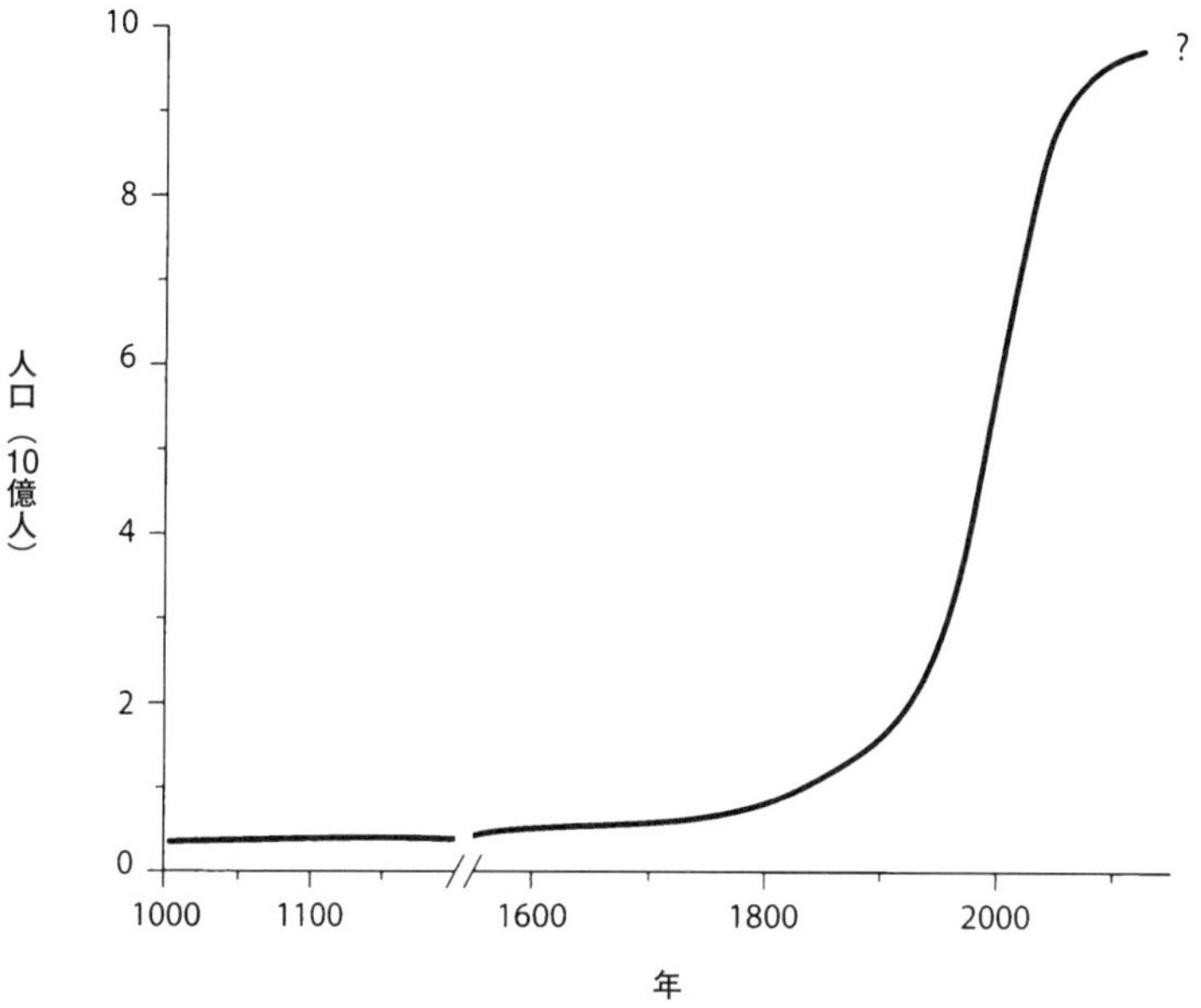

図 34　西暦 1000 年以後の人口の成長曲線。産業革命以前の、下水を飲料水から分離する方法が発見されていなかった時期には、人口は比較的一定で、微生物培地の誘導期に似ている（図 33）。ところが 19 世紀の半ばから、人口は指数関数的に成長した。人口学者は、21 世紀半ばには 95 億人から 100 億人あたりで頭打ちになると推定している。図 33 と比較のこと。

ぐに当然使うべき燃料となった。ガソリンで動くエンジンは石炭を燃やす蒸気機関や石炭ガスエンジンよりもはるかに効率が良く、すぐに輸送用に採用された。新しいエンジンは灯油産業の廃棄物に対する厖大な需要を生み、その需要を満たすために、石油会社は石油を精製して燃料を輸送するためのインフラに大きく投資した。

ところが、石油などの化石燃料を急速に燃やすことから、意図せざる、まったく予想されなかった結果として、温室効果ガス、とくに二酸化炭素量が上昇した。ガソリン一ガロン〔約三・八リットル〕を燃やすと、車の排気管から約二〇ポンド〔約九キロ〕の二酸化炭素が放出される。世界全体では一〇億台以上の車が走っているが、これは問題の一部でしかない。世界中で石炭や天然ガスが厖大に供給されている。そうした化石燃料はすべて、何百万年、何千万年前に作られて、エネルギーを蓄えた化学結合の貯蔵庫となっている。とくに石油の場合には、化石化した藻類の遺骸から作られた結合だ。人間はこの燃料を引き出すための効率的な方式を開発している。一年で一〇〇万年分の石油を引き出せる――つまり、藻類や高等植物が光合成をして一〇〇万年かかって作った燃料を、私たちが一年で燃やす。

産業革命が始まって以来、一九世紀半ばの大気圏二酸化炭素濃度は、一八〇〇年の二八〇ppm〔百万分率。ここでは一〇〇万分の二八〇〕から、二〇一四年の四〇〇ppm以上と飛躍的に増大し、予見される将来には頭打ちになりそうにはない。化石燃料に継続的に依存することで、長期的な地球気候変動の可能性が増す。温暖化や海の表面の酸性化、氷河の氷の喪失、海水面の上昇、暴風雨の頻度や激しさの上昇などがある。人間は地球に重大な影響を及ぼすような廃棄物を生み出し始めたばかりだが、この問題を修正する簡単な方法を私たちは知らない。環境的に持続可能な、回復可能で炭素循環(カーボンニュートラル)に影響しない

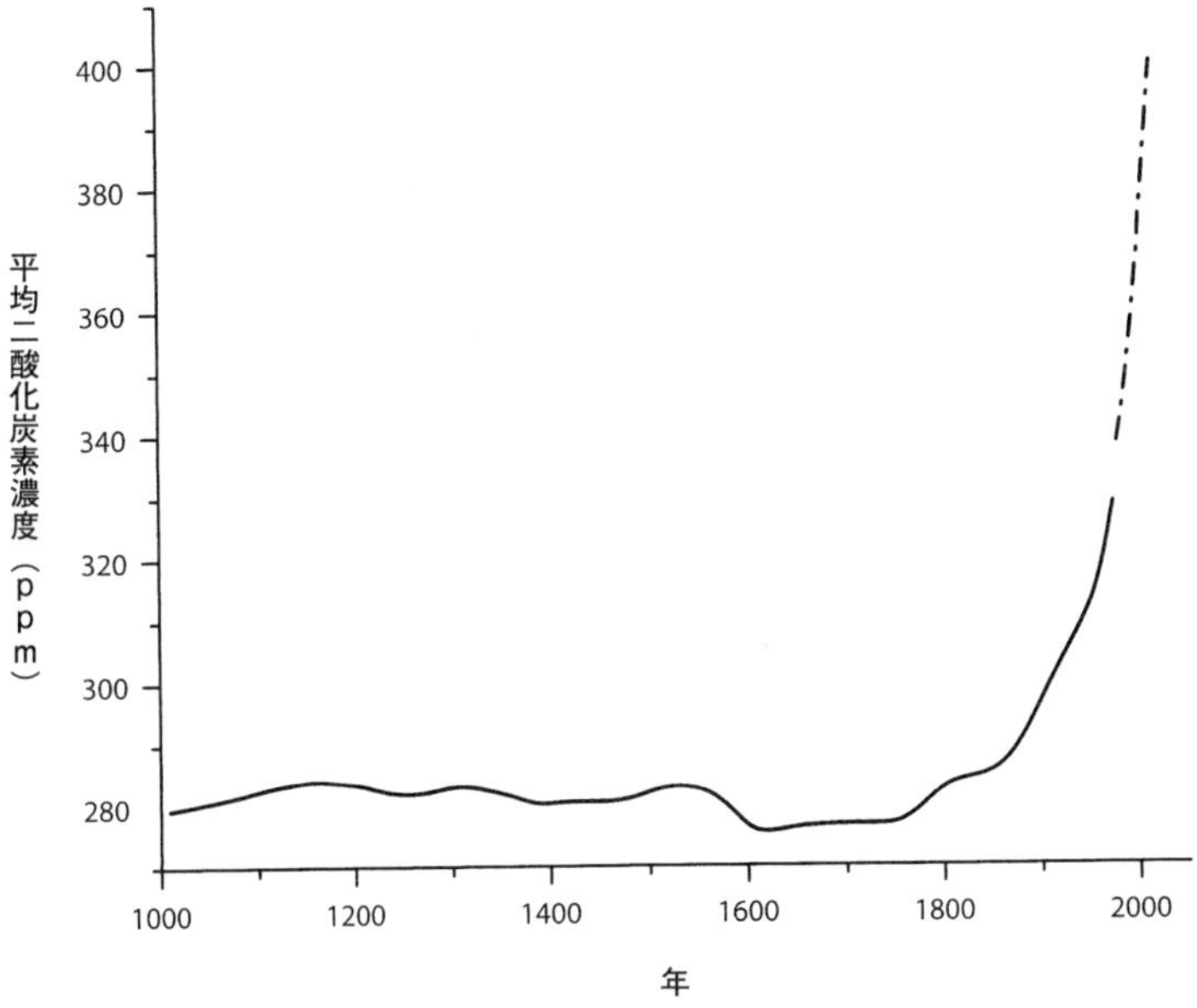

図35　地球大気中の二酸化炭素濃度の変化。西暦1000年以後。産業革命までは、大気中の二酸化炭素濃度は比較的一定の約280ppmだった（つまり0.028%。比較のために言うと、酸素は210,000ppm、つまり21%）。産業革命以後、二酸化炭素濃度はほとんど指数関数的に上昇し、2014年には400ppmに達した。二酸化炭素は窒素や酸素と違い、熱を逃がさない温室効果ガスである。地球大気中の濃度が比較的低くても、気候の制御を左右することになる。二酸化炭素の変化を表す曲線は、人間の人口を表す成長曲線（図34）と著しくよく似ている。

燃料を開発できるだろうか。また、既存のインフラを利用する石油を元にした製品を直ちに別のものに置き換えることはできるだろうか。すぐ後で見るように、私たちは微生物に助けてもらう可能性に大いに希望をかけている。しかし化石燃料問題からは、さらに意図せざる結果が出て来ることになった。

化石燃料の開発によって、人々が食物を栽培し、収穫し、加工し、輸送する方法にも甚大な変化がもたらされた。畑はかつて牛や馬で耕されていたのに、今では石油を燃料に使う内燃機関を動力とする機械で耕せる。小麦やトウモロコシなどの大量生産作物の収穫は、かつては腰に負担のかかる労働が必要だったが、今では機械で行なえる。穀物は何百キロ、さらには何千キロも離れた人口の中心へ輸送でき、そこには他の内燃機関と製造業の拠点がある。食糧価格は、食糧生産に必要な人数とともに下がった。同時に、他の新しい経済活動部門で人員の需要が、ヨーロッパ、合衆国、さらに他の国々で高まった。新しい人口の中心は大都市になった。インフラ、とくに飲料水を提供し、下水を処理するためのものに対する大規模な投資によって、平均寿命は延び、その結果、食物を提供すべき人口もますます増えた。一九世紀の末には、工業化した世界のための食糧生産に絶対不可欠の肥料が底をつくという深刻な懸念があった。

一九世紀後半の主要な肥料は、鳥の糞を乾燥させたグアノだった。何千年も前から、この材料は世界中の沿岸地帯のあちこちに蓄積されていて、チリやフロリダ州などいくつかの沿岸地方からのグアノの輸出は主要な産業になっていた。しかし人口が増えると、グアノは鳥が出すよりも速く使われていた。グアノの価格は上がり、代替品が必要だということが認識された。しかし何で代替できるだろう。

グアノに含まれる重要な植物用の栄養の一つはアンモニウムなど、いわゆる窒素を固定した産物だった。窒素はもともと、海にいる微生物によって化合物に「固定」され、藻類に入り、小型動物に移り、結局は魚に入ってそれを鳥が食べた。一九世紀後半には、窒素固定がどういうことか、実はわかっていなかった。一九〇一年、オランダの微生物学者、マルティヌス・ベイエリンクが、マメ科の植物の根にいる細菌は、空気中の窒素ガスを、植物が成長するのに使える形に変換することを明らかにした。輪作によって、窒素を土壌に回復する助けになる（この手法は今も使われている）一方で、よそで固定した窒素を添加しないことには人々を養うだけの食糧が育てられないことも認識された。

一八九八年、その二七四年前にロバート・フックの『ミクログラフィア』を出版したのと同じ由緒ある団体、ロンドン王立協会の新たに選出された会長が、こんな課題を示した。「イギリスをはじめすべての文明国を」救うために「アンモニウムの代替を見つける」。ビクトリア時代の有名な科学者で、新元素タリウムを発見した（心霊主義者でもあった）サー・ウィリアム・クルックスは、人類が窒素を農業用に固定しなければ、文明世界は一九三〇年代には飢えることになると心配していたのだ。クルックスの言う「文明世界」とは、米のような「劣った」穀物ではなく小麦を食べる人々のことだった。生物が窒素をどう固定するかは不明だったが、グアノの供給が永遠ではないことは明らかだった。クルックスの課題を化学者が取り上げた。

ドイツでは、論争好きのユダヤ系ドイツ人化学者フリッツ・ハーバーが、窒素という、地球大気の七八パーセントを占める比較的不活性なガスを、高温高圧の下で水素と結合させ、アンモニアという、水に溶けるとアンモニウムイオンになる物質にすることができる化学的触媒を見つけようと、忍耐強く研究していた。その何年か後、ハーバーは、大きな箱ほどの大きさの装置で一時間にグラス一杯分ほどのアンモニアを生産することに成功した。大したことには見えないかもしれないが、この反応は使えた。触媒は鉄に基づいていて、合成しにくいものではなかったが、その反応を商品化するには多額の投資が必要だった。ハーバーは科学者で商品化には関心がなかったし、アンモニア自体についてもそうだった。

ドイツの化学工業会社BASF社に勤める化学技術者のカール・ボッシュにとっては、ハーバーの発明は天啓だった。BASF社の上司を説き伏せて試験工場を造らせた。アンモニアを生産するためには多大なエネルギーを必要としたが、それでもうまく行った。反応に使う水素ガスは石炭から取り、石炭は反応容器で二つのガスを加熱してアンモニアを作るためにも使われた。ドイツには石炭が豊富にあり、BASF社は肥料生産への秘密の通路を所有することで裕福になっていった。ハーバー＝ボッシュ反応は、小さな改良はあるものの、今日に至るまで、肥料用の固定窒素供給の世界的な屋台骨である。その過程がなかったら、私たちはほぼ確実に七五億人の人口を養うことはできないし、二一世紀の半ばまでにさらに二〇億人を養うなどとは思いもよらないだろう。

結局、何十億年前から微生物が行なうように自然が計らっていた窒素固定用ナノマシンを育てずに、それと同じことをするために、人類は巨大なマシンを開発した。人類の人工のマシン——飛行機、列車、自動車、窒素固定工場、下水処理施設、製鉄所など、エネルギーと原料を集約する過程——は、比較的最近の創造物だ。ほとんどは、産業革命の始まり以後、過去二〇〇年の間に考案されたものだが、地球の歴史の過去何億年の間に確立した生物地球化学的な過程と両立するようには設計されなかった。この人工的な装置がもたらした結果は、惑星の化学的構成の急速な変化だった。微生物が地球に新たな平衡を立て直すには、何千年とは言わなくても、何百年とかかるだろう。

人間による窒素固定は地球上のすべての微生物によるものを大きく上回り、固定された窒素は世界中の畑からあふれて河川から沿岸へ流れ込み、そこで水の華〔微生物の大量発生による赤潮などの現象〕を起こす。水の華はしばしば、生物が沈み、死んで、他の微生物に食べられると、大量の酸素が失われ、魚が死に、亜酸化窒素、つまり笑気ガスなどの気体が放出されるほどの規模になる。

笑気ガスと言っても笑ってすむことではない。亜酸化窒素の各分子は二酸化炭素の三〇〇倍もの熱を捕捉する力があり、強力な温室効果ガスとなる。それもさることながら、この問題には、バランスのと

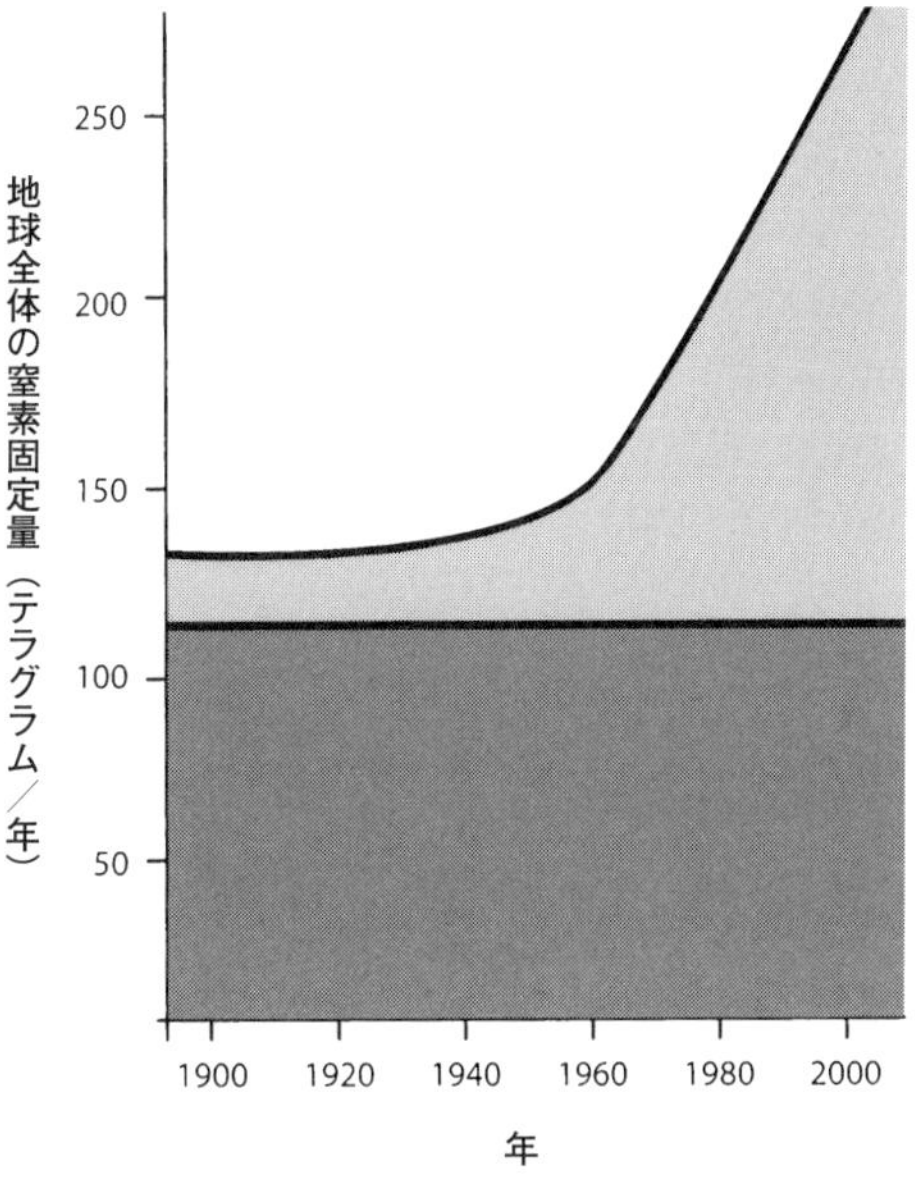

図 36　過去１世紀の間に固定された窒素の総量の変化。窒素固定のためのハーバー＝ボッシュ反応が考案される前は、窒素固定は、稲光のエネルギーで固定される分がわずかにあるものの、ほとんどすべては微生物によっていた。自然の生物学的窒素固定は１年に約 100 テラグラム（テラグラムは 10^{12} グラム）だった（黒い領域）。ハーバー＝ボッシュ反応が導入されてからは、人間による窒素固定が劇的に増大し、今では自然の生物学的固定のほぼ２倍になっている（薄い色の部分）。

れた地球の電子市場を地球規模で維持することに関する別の面がある。

第一次世界大戦では、ドイツはフランスやイギリスと戦い、火薬が欠乏するようになった。火薬の要になる成分は硝石、つまり硝酸カリウムである。硝石も窒素を固定した分子で、微生物がアンモニウムイオンを三つの酸素原子と結合させるとできる。硝石が採掘できる場所は、世界中を見ても非常に少ない。硝石は水に溶けやすく、雨が降ると雨水に溶け出して、土中に流れ込んだり、川や湖に流れ込んだりする。ドイツの硝石の主な源は、チリのアタカマ砂漠という、世界で最も乾燥した砂漠に自然にたまったものだった。

ドイツは南米からヨーロッパへの硝石輸送路を守らなければならなかった。一九一五年、第一次世界大戦のとき、英海軍はこの硝石供給路を守るドイツ海軍の艦船を破壊した。ドイツへの硝石供給が止まり、火薬の生産が止まって弾薬不足になった。それが第一次世界大戦でドイツが敗れた要因だったかもしれない。ともあれ、ヒトラーがドイツの政権に就いたとき、BASFにアンモニアを硝石に転換する道を見つけるよう求めた。ドイツの化学界は従わざるをえず、世界市場の主たる肥料源は当時も今も硝酸アンモニウムということになった。これは自然界には存在しない（きわめて爆発性も高い）。硝酸アンモニウムの生産はハーバー＝ボッシュ反応の延長で、自然界での微生物による反応はいっさい経由しない。

人類が食糧のために生産する過剰な窒素分は結局どこへ行くのだろう。微生物はこうした余分の窒素分を世界の湖、川、海から除去するのにも関与している。微生物は図らずも、人間による世界規模の廃棄物を回収し再利用している。微生物は最終的に、人間が肥料として用いる窒素の約二五パーセントを硝石、さらには窒素ガスに変換し、ごくわずかに亜酸化窒素になる部分がある。同じ作用は下水処理過程でも生じる。

人間が食糧としたり必要や欲望に充てたりするための資源を求めて、ますます地球から奪うようになると、炭素循環や窒素循環だけでなく、ほとんどすべての化学元素の自然な循環に打撃を与える。その結果、地球全体での基礎的な生物地球化学的循環が急速に、また大規模に歪む。こうした循環のバランスは、だいたいは微生物によって、地質学的な過程と協調して制御、維持されているが、それを人間が、非常に短期間に未曾有の規模で乱している。その結果、炭素、窒素、硫黄など、多くの元素の自然な循環が「分断」されている。つまり、循環の変化がだんだん互いに無関係に生じるようになっているということだ。たとえば、人間が進化する前は、炭素と窒素の循環は密接に絡みあっていた。窒素が大量に川に流れ込むことはなかった。工業化された世界では、アンモニウム生産は化石燃料の燃焼と厳密に連動してはいない。

「出口」はあるのだろうか。人類はあまり多くの資源を奪ったり、急速に化学的状況を乱したりせずに、この惑星で微生物と共存できるのだろうか。そうであれば、どうすればその道に乗れるのだろう。

一つの進め方は、だんだん本格的に考えられるようになっているが、微生物に私たちの仕事を請け負ってもらう工夫をすることだ。「合成生物学」という、自然の微生物が行なうよりも何桁(なんけた)か速く窒素を固定できるように微生物の代謝を設計したり、あるいは石油の代替になるものを生産させたり、人工肉の原料になりうるタンパク質を生産させたりするといった分野が成長しつつある。限界は私たちの想像力にあるだけだ。この種の手法が希望の元になるところを見てみよう。

第10章　手を加える

人間が進化する中で、私たちはますます自然の気まぐれを抑止するようになった。何千年もの間、人類は動植物を交配・選択し、土地を切り開き、新しい物質を生み出し、構造物を建設してきた。川の流れを変えて大陸の水の流れを制御し、防波堤を築いて海の侵入を押し返してきた。食糧、原料、自分たちを地球のあちこちへ運ぶ機械を開発してきた。ほんの二〇年、三〇年のうちに微生物も操作するようになっても意外なことではないはずだ。これから見ていくように、科学者は、微生物を、自然淘汰と張り合うことなく人間に合わせて働かせるために、遺伝子を移し、強め、黙らせようとする。私たちは人間の仕事をさせるために、微生物の代謝を生み出し、微生物を設計する。人間にはその力があるが、その力は微生物進化にとって多大な影響を及ぼしうることの理解と一体になっているようには見えない。この地球の未来の道筋を変える人間の力となるとますますそうだ。

私は二〇年以上にわたり、主にエネルギー省とその下にある政府機関が資金を出す、アメリカの国立研究所に勤めた。国立研究所は物理学や化学の大きなアイデアを実らせるために構想され、設計されていて、当然、研究所の当初の意図だった核兵器の考案、製造に関係する人も多い。しかし国立研究所は巨大なコンピュータ、物質の本性を理解するために考えられた高エネルギー加速器、とてつもなく高性能の顕微鏡、科学者と協同して新しい発見につながる技術を開発する技術者がそろっている場合も多い。

私が毎週一緒に昼食に出かけた化学者や物理学者は、オッペンハイマーやフェルミやユーリーやシーボーグと原子爆弾の開発にあたったことがあった。そうした昼食仲間はたいてい、生物学を付け足しのようなものと見ていた。物理学者は何億ドルとまでは言わなくても何千万ドルもする機械を必要とするが、生物学者はそんなことはなく、物理学者や、さらには化学者のような大規模なことを考えなかった。しかし一九八〇年代の初め、エネルギー省にいた科学者の一部から、大きな生物学の課題が提案された。ヒトのゲノムの配列を決定するという仕事だ。基本的な考え方は、生物のゲノムの配列を高速かつ安価に決定する技術を開発し、得られた配列を役に立つ情報にするということだった。

最初の反応はあまり積極的なものではなかった。この構想は、生物学者がたいてい自分の研究の骨格にする何かの具体的仮説に基づくものではなく、大量の遺伝子データを集めて分析したいということだった。しかしその構想は、最終的に採用されると、私たちのヒトゲノムについての理解を変えただけでなく、環境にある微生物の理解も変えた。それは生まれたばかりの「分子生物学」の分野を急速に変え、それをその後の生物学研究の礎石の一つに変えた。

分子生物学の初期の指数関数的成長期以来、その分野の発達に貢献した科学者はたくさんいたので、歴史を語るときはどうしても省略だらけになる。しかし、二〇世紀の根本的な発見に大きく助けられて、微生物の遺伝子を意図して水平伝播させ、それによって進化の流れを変えることを容易にした主要な発見が三つある。遺伝子の水平伝播の概念は単純だ――先に見たように、微生物がいつでも遺伝子を生物から別の生物へと移動させるということだ。しかし人間が、生殖や自然淘汰といった面倒なしに一方の生物の遺伝子を別の生物に移すという考え方は、私たちが微生物を「設計」できるかもしれないということだった。私が選ぶ、遺伝子工学の発達と成熟につながった要になる出来事は、種としての人類の未来と、人類を救うものとなる微生物への今後の投資を反映するような歴史に基づいている。

そんな重要な発見の一つは、カナダ生まれの医師で、ロックフェラー病院（今はロックフェラー大学の一部門――リボソームを発見したパラーデが勤めていたのと同じところ）のオズワルド・エーヴリーと、コリン・マクロード、マクリン・マカーティが、一九四四年、遺伝情報を運ぶのはＤＮＡであると報告したことだ。初期の実験はごく単純だったが核心に迫るものだった。エーヴリーらは、形質転換という、一九二八年に発見され、今日に至るまで遺伝子の水平伝播実験の礎石となっている手法を用いた。形質転換は複合系での遺伝子の水平伝播という話の中で取り上げたが、その仕組みの詳細はまだ述べていない。

微生物学者は昔から、背景となる遺伝子が共通となっている微生物株、つまり「血清型（セロタイプ）」があることを理解していた。実際、一八九五年にドイツの医師テオドール・エシェリッヒが健康な人の便に発見した大腸菌（*Escherichia coli*）の場合には、後に、同じ細菌の一部の変種を摂取すると死に至ることが発見された。同様に、イギリスの微生物学者、フレデリック・グリフィスは、人間の肺炎に関与する細菌、肺炎連鎖球菌（*Streptococcus pneumoniae*）が、健康な成人にいても病気は引き起こさないことに気づいた。

グリフィスは有毒株を分離し、この菌を加熱殺菌したものをマウスに注射した。マウスは死ななかった。ところが加熱殺菌した有毒株と生きた無毒株を混ぜてマウスに注射すると、マウスは死んだ。グリフィスは分子レベルでどういうことになっているかはわからず、この現象を「形質転換現象」と呼んだ。

要するに、グリフィスは無毒の微生物を、死んだ有毒の微生物の懸濁液で有毒のものに変えることができたのだ。それはほとんど魔法のようだった。一九二八年、この発見を発表し、所属先を「厚生省病理研究所」とした——明らかに「病理（パソロジカル）」という言葉の皮肉も二〇世紀に発達した（日常的には「病的」を意味するようになっている）。

オズワルド・エーヴリーはグリフィスの実験にはきわめて懐疑的で、その再現に乗り出した。長い時間をかけて、エーヴリーは、グリフィスの調べ方は綿密で正しいと判定した。ではいったい何が起きていたのだろう。

形質転換を起こすものの正体を導くために、エーヴリーらは、有毒株から分離した死んだ細菌とタンパク質を消化する酵素を含む培養液を作った。当時、大半の生化学者は、タンパク質こそが遺伝情報を伝えるものだと考えていた。真核細胞の染色体にあるし、二〇種類のアミノ酸でできていて、遺伝する形質を説明するに十分な可変性があるからだった。この分子が遺伝子情報の鍵を握るというのは論理的だった。エーヴリーらはグリフィスの実験を繰り返したが、少し手を加えた。微生物の加熱殺菌した有毒株にタンパク質あるいはRNAを消化する酵素を加えた培養液を作って、溶液をマウスに注射すると、マウスは死んだ。しかしDNAを消化する酵素を加えると、マウスは死なかった。そこでエーヴリーは、死んだ細菌の遺伝情報を有毒株から無毒株へと伝えているのはDNAだと判断した。これは科学者がDNAの性質に注目した最初であり、その意味でこの発見は特筆すべきものだった。やはり特筆すべきことに、エーヴリーが若かったこの当時、この研究は、控えめに言ってもほとんど評価されず、その成果はほぼ無視された。タンパク質が遺伝情報を運ぶという先入観は強く、エーヴリーらによる発表は、実験のやり方のせいでそう見えた結果と見なされた。現代の学界にある認知的不協和の例だ。多くの生化学者が、エーヴリーらによる形質転換物質には微量のタンパク質が混じっていたのだと思っていた。

そこにジョシュア・レーダーバーグが登場する。ニュージャージー州でラビの家に生まれた天才で、ニューヨーク市のワシントンハイツで育ち、幼い頃はほとんど図書館で過ごしたという人物だ。レーダーバーグはエーヴリーの論文をまともに受け止め、形質転換因子を見つけようとし、そのとき、微生物の形質転換の「魔法」を明らかにして、文字どおり生物学の形質転換をした。レーダーバーグと妻のエスターは、遺伝子情報を細菌に挿入するためにウイルスの粒子を使った──今は「形質導入(トランスダクション)」と呼ばれる処理で、これは遺伝子工学の特徴の一つとなった。この処理はDNAの環状の断片を細菌に挿入することに基づいている──レーダーバーグはその断片を「プラスミド」と呼んだ。プラスミドは細菌の中で自己複製するが、細菌の染色体の外でしかそれを行なわない。細菌の複製装置を切り替えて異質な分子を宿主の微生物内で複製することができる、異種の侵入者だった。レーダーバーグはプラスミドが宿主の細菌を抗生物質で死ななくすることができることを見いだした。この発見によってレーダーバーグは、遺伝子の水平伝播を人間が実験室で意図して起こす先駆者となった──それによって人類は微生物の進化を乱す新たな方法を得た。レーダーバーグは三三歳でノーベル賞を受賞することになる。

レーダーバーグらの貢献に基づいて、生物学者は今や、ウイルスで生物に遺伝子を自在に挿入できるようになった。原理的には、人間は生物学的宇宙の主人になれた。生物のゲノムは人の利益になる獲物のように狩られるようになった──たとえば、病気にかかりにくくなったり病気を治したりすることによって長生きになる、薬あるいは遺伝子を見つけることができる（少々皮肉なことに、レーダーバーグは八二歳のとき、自分が学生の頃に最初に調べた微生物に由来する肺炎で亡くなった）。しかし微生物を形質変換によって設計するには、DNAが個々のタンパク質をどのように符号化しているかを理解する必要があった。私たちは自然が遺伝子デザイナーとして、どうやって遺伝子を作っているかを理解する必要があった。

DNAの構造発見は伝説になり、伝説化されている。DNAは四種類の環状の分子、ヌクレオチドが五炭素糖とリン酸を通じてつながったものが繰り返して鎖をなすだけのポリマー（単体の部品＝モノマーがつながることでできる高分子）だ。鎖の変動部分は四種類の塩基だけで、四種類しかないため、DNAは退屈な存在に見える。エーヴリーとレーダーバーグが正しかったら、DNAの構造は「マジック」を見せるはずだ。しかし最初はそうはならなかった。

この分子の基本構造は、一九五二年、ロンドンのキングズカレッジでロザリンド・フランクリンとレイモンド・ゴスリングによって撮影された一枚のX線回折写真に基づいていた。一九五三年四月二五日、権威あるイギリスの科学誌『ネイチャー』が、一連の三本の論文を並べて掲載した。最初はケンブリッジ大学のフランシス・クリックとジェームズ・ワトソンが書いたもので、DNAの構造を、ウィルキンスとフランクリンによる未発表のX線画像に基づいて提案していた。二番めはそれとは別の、ロンドンのキングズカレッジにいたモーリス・ウィルキンスの論文で、DNA分子の生のX線画像が載っていた。第三の、フランクリンとゴスリングの論文は、自分たちで撮った解像度の高い回折パターンを示していた。三つの論文はすべて、この分子がおそらく螺旋であるとしていたが、ワトソンとクリックとウィルキンスは、これが二重螺旋であると唱えていた。クリック、ワトソン、ウィルキンスは、この構造の発見に対して一九六二年にノーベル賞を共同受賞した。フランクリンは一九五八年、三七歳のときにがんで亡くなっていて、受賞資格がなかった〔ノーベル賞は故人を授賞対象にしない〕。

当時、DNA分子が情報継承の鍵を握ることは明らかになっていた。DNAはどうにかしてタンパク質のアミノ酸配列を符号化していたが、X線回折の分析から再構成されるDNAの構造がタンパク質合成の情報をどのように収めているかはまったく明らかではなかった。DNAにあるヌクレオチドはわずか四種類。たった四種類で、二〇種類のアミノ酸が特定の順番で並ぶタンパク質の構成を生む情報体系をどう符号化するのだろう。

遺伝子符号の解明は、DNAの構造の解明よりも独創的だったかもしれない。エーヴリーらの成果と、フランクリン、ゴスリング、ウィルキンス、ワトソン、クリックによる二重螺旋という構造分析結果によれば、DNAの四種類のヌクレオチドとタンパク質の二〇種類のアミノ酸では、一つのアミノ酸を表すヌクレオチドは複数なければならない。少なくとも二つなければならなかった。この論理は単純な計算に基づく。ヌクレオチドが二つだけなら、ありうる組合せは$4^2=16$で、一六種類のアミノ酸しか表せないので、足りない。ところが三つのヌクレオチドがあれば、ありうる組合せは$4^3=64$通りになるので、これなら十分だ。フランシス・クリックが率い、偶像破壊的な科学者シドニー・ブレナーを含むチームは、大腸菌に感染するウイルスに一個のヌクレオチドを挿入したり削除したりする技法を使って、細菌の遺伝子符号を解明した。つまり、DNAの特定の配列にある三つ一組のヌクレオチドが、個々のアミノ酸を特定することを示した。その作業は文字どおりの翻訳であり、生命の継承を理解するためのロゼッタストーンとなった。しかしややこしい部分もあった。

たいていのアミノ酸には、一つのアミノ酸を表すヌクレオチドの三つ組が複数ある。DNA配列の知識から、遺伝子が表すタンパク質のアミノ酸配列を導くことができた。ところがその情報は「縮退」している——つまり、タンパク質の配列がわかってもＤＮＡの配列は導けないということだ。ＤＮＡ世界の言語にある「単語」を知れば、タンパク質世界のアミノ酸の意味は一つに決まる。しかしタンパク質のアミノ酸の「単語」がわかっても、ＤＮＡへの信頼できる翻訳はできない。どんな生物の動作でもそれを理解するためには大きな問題がある。それはＤＮＡに符号化されているのはどんな命令かというところにあるらしい。その問題は、別の技術的難問を生んだ——ＤＮＡはどうすれば配列が求められるか。

タンパク質、ＲＮＡ、ＤＮＡはポリマーで、どんなものでも生物学的なポリマーの配列決定はとてつもなくハードルが高い。反応は親ポリマーの個々のモノマーを明瞭な順番で切り取らなければならない。ＤＮＡの配列決定は、最初はもっと難しかった。ポリマーが二重の糸で、一本のＲＮＡは配列が決められても、その化学的な基本はＤＮＡには直接当てはまらなかったからだ。何人かの化学者がこの問題と取り組んだ。中でもフレデリック・サンガーというケンブリッジ大学のイギリス人生化学者は、タンパク質の配列決定技法を開発したことで、一九五八年にはノーベル化学賞を受賞している。サンガーらはＤＮＡの配列決定法を、まず二本の糸を分離し、それから配列を、鎖にある四種類のヌクレオチドのいずれかを末端とするランダムな断片を作ることによって配列を決める方法を開発した。断片を作ってから、化学反応で残った分の分子量を求めなければならなかった。できたものの分子量は、広いゲルの上でサイズによって分離することによって求められた。ゲルに電場をかけると、ＤＮＡのばらばらになった断片がゲルの中を移動させられる。小さい断片のほうが大きい破片より速く移動し、したがって遠くまで移動するので、それぞれがどこまで移動したかを測定することによって、どのヌクレオチドが一番

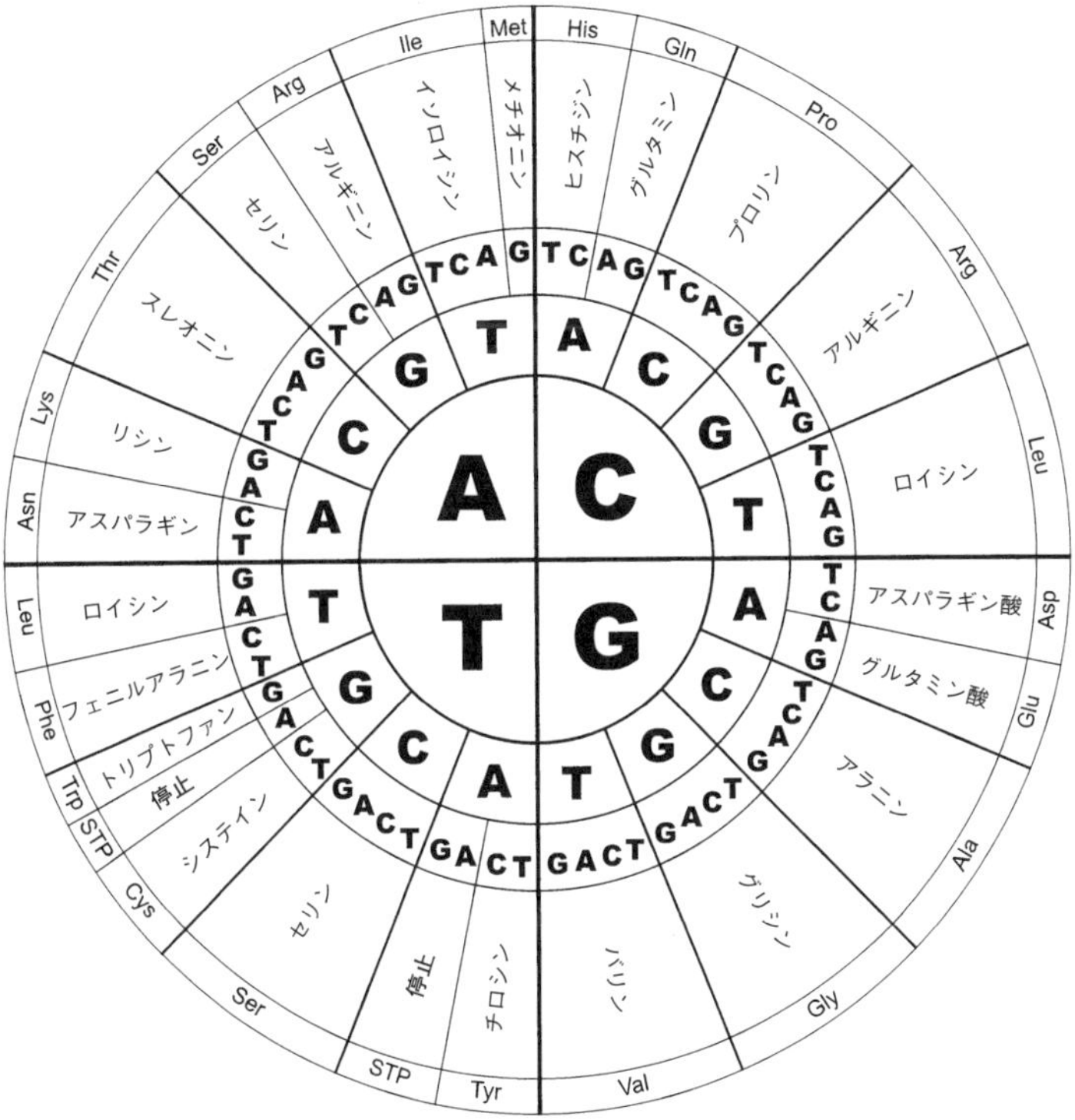

図37　コドンホイール。DNAの個々の塩基、あるいはヌクレオチドが、タンパク質中の特定のアミノ酸をどう符号化しているかを示すロゼッタストーン。それぞれのアミノ酸に対応する符号が、コドンと呼ばれる三つ一組のヌクレオチドに収まっている。ホイールの中央から始めて、DNAの特定の並びでどのアミノ酸が表されるかが求められる。たとえば、AGCと続く並びはセリンというアミノ酸を表すし、ACCとたどればスレオニンの符号であることがわかる。メチオニンとトリプトファンを除き、どのアミノ酸にもありうるコドンが複数ある。

で、どれが二番で……が計算できる。サンガー等はこの技法を使ってPhiX174という、ヌクレオチドが五三七五個あるウイルスの配列を決定した。

一九七七年に発表されたこのチームの論文は、ゲノムのDNA配列が記録された初めての例となった。サンガーの方法は、最後にはヒトゲノムの配列を決められるようにする技術につながる。これによって一九八〇年には、別のもっと単調なDNA配列決定法を別個に開発したウォルター・ギルバートとともに、二度めのノーベル化学賞を受賞した。受賞は二人だけではなく、もう一人の生化学者で、DNA分子をいくつかの原料――自然には存在しない分子――から作る処理を開発した、スタンフォード大学のポール・バーグも加わっていた。その人工的なDNA分子は組換えDNAと呼ばれる。この三人は、DNAの構造の発見なみの、あるいはたぶんそれ以上の変化を世界にもたらした。

サンガーが開発した基本的な鎖終端配列決定法は大きなDNAの配列は決められない。二三組の染色体があるヒトゲノムの配列決定の問題を処理するには、DNAをもっと小さな塊に切り分けなければならなかった。個々の断片は配列が決められ、断片どうしのランダムな重なりの部分を合わせてゲノム全体が再構成される。この技法は「ショットガン配列決定法」という名を与えられ（サンガーの用語）、以前は微生物のために開発されたが、J・クレイグ・ヴェンターらがヒトゲノムに応用した。もちろん、配列決定の技術的な面は十分に難しいが、それぞれの染色体での遺伝子の並び順を再構成するのはさらに難しい。完成するには何年かかかったが、私たちの遺伝子にある三二億以上ある塩基対のうち、タンパク質を符号化しているのはおよそ一・五パーセントだけだということが明らかになった。これはヒトゲノムの配列決定プロジェクトでも有数の驚くべき結果だった――私たちが持っているタンパク質を符号化する遺伝子はわずか二万で、ゲノムの配列が決められる前に予想されていたよりもはるかに少なく、単純な虫と比べても、二倍程度にすぎない。つまり、私たちのゲノムのうち九七パーセント以上は何も表さない領域で、これは微生物には存在しない。たぶん皮肉なことに、ヒトゲノムの配列決定が明らかにしたのは、比較的少数の遺伝子変化が動物の高度で組織的なパターンをもたらすことができるということだった。私たちのためにエネルギーを供給し、タンパク質を合成し、イオンを輸送し、基礎的な代謝を可能にする仕組みを作るための基本的な命令は、すべて基本的に、何十億年か前に進化した、微生物に由来する遺伝子的な足場にパターン化されている。

エネルギー省からの予算が出たことに助けられて、ヒトゲノム配列決定プロジェクトは、DNA配列決定を自動化できる装置への厖大な投資が広がるのを助けた。実際、私はラトガース大学の同僚と一緒に、想像できないほど安くなったゲノムの配列決定を日常的に行なっていた。サンガーが最初にDNAの配列を求めたとき、その費用はヌクレオチド一つにつき七五セントだった。二〇一四年時点では〇・〇〇一セントもかからない。別の言い方をすると、ヒトゲノムプロジェクトが進行中だった二〇〇二年には、ヒトゲノムの解析には一億ドルがかかると推定されていた。今やその価格は一〇〇〇ドルほどに下がり、将来もっと下がるのはほぼ確実だ。

とほうもない配列決定費用の縮小とあいまって、コンピュータの処理能力もネットワーク接続も厖大に高まっている。DNAの配列決定は今、インターネットを通じてリアルタイムに送信され、それまでに決定されているDNA分子との照合がミリ秒単位で行なわれ、新しく確認された配列に細胞内で行なっていそうな機能を割り当てることもできる。

計算機の処理能力が上がるとともに、もっと効率的で安価な配列決定技術や遺伝子探しのための新たなアルゴリズムがもたらされた。実際、技術は安くなり、装置は普及して、アメリカの国立研究所では設備が余るようになった。配列決定処理能力の過剰は、すぐに世界中に——フランス、ドイツ、イギリス、中国、日本、韓国、インドへ——急速に広がった。それをどうすればいいだろう。

ヒトゲノムプロジェクトが発進して直後、ワシントンDCのエネルギー省でこの事業の長をしていたデーヴィッド・ガラスが、生物学者がしていることを知ろうとしてブルックヘヴン国立研究所へ来た。研究所長が私に、特定の単細胞の藻類が特定のタンパク質の生産量を、光の変化に応じて増減する様子を理解しようという研究について、簡単なプレゼンを行なうよう求めてきた。ガラスは、新しい配列決定と計算機技術が、環境での微生物の分布を理解することにどう応用できるかを調べる会合を開く気はないかと尋ねた。私は喜んでその機会を受け入れた。

会合では、全国から集まった約六〇人の同業者とともに、海中、土中、空気中、湖沼、岩石、氷——考えられるありとあらゆる環境——にいる微生物のDNAを大規模に配列決定することにつながる白書をまとめた。その結果、海の微生物のゲノム配列が想像を絶する速さで得られ、何千万という遺伝子が特定された。この情報は、実質的に、人間が微生物を遺伝子操作し、必要な仕事を何でもさせられるようにするという、未開発だった生物学的可能性の宝庫だ。

文字どおり、電子装置のクリックで、遺伝子の——ゲノム全体の——配列を世界中に送り、分析し、仕上げ、配布できる。どんな遺伝子でも、合成して微生物に挿入できる。この遺伝子機能の自由貿易はとどまるところを知らず、微生物との戦いをエスカレートさせている。

二一世紀の始まりとともに、遺伝子やゲノムの配列決定が安価になり、効率的になるにつれて、科学者は一個の生物のゲノム配列決定から、自然の微生物群落のゲノムについて、おもしろそうなところはほとんどどこででも配列決定する方へ転じた。コンピュータ用のアルゴリズムで検出された遺伝子の一覧は急増した。地球上にある何千万という微生物の遺伝子が特定され、その発見のペースは減速するような兆しを見せていない。この遺伝子リストは「部品リスト」でもある。自然が設計して、現存する生物に存在するタンパク質を作るためのレシピだ。しかし新しい部品は作れるだろうか。自然に存在せず、これまでなかったような部品は。

簡単に答えれば、作れる。

生物学の分野のある部門は、微生物や、代謝や、微生物内部の通路を設計しようという研究に変身している――微生物をもっと効率的にして、それにこれまで存在しなかった新しい特徴を与えようとしている。プラスチックを分解できる微生物は作れるだろうか。あるいは土中の放射性物質を固定するものはどうか。あるいは代替エネルギー源を作れるもの、新種の素材を作れるものはどうか。こうした問題は学問の世界だけにあるものではない。それは現に登場しつつあるのだ。

世界中の何千という研究所が、様々なレーダーバーグのプラスミドとポール・バーグの組換えＤＮＡを使って、複数の遺伝子のうち一つを微生物に入れようとしている。こうした実験の大多数は無害で、具体的な遺伝子がどう機能するかの仮説を検証するために行なわれている。しかし遺伝子の水平伝播の相当部分は、私たちが変えたいと思う自然の特定の反応を操作するために行なわれる。たとえば、新しい光合成生物を一から作るといったことだ。

ヒトゲノムの配列は、人類の遺伝子には独特のものはほとんどないことを明らかにしている。私たちがいなくなっても、微生物の世界はその機能を実行しつづけ、新しい安定状態に達し、その代謝の全体は生息可能な地球を維持するだろう。実際、進化論の観点からすれば、ヒトの進化は生物学的に媒介される化学反応の一時的な擾乱にすぎない。要するに、私たちは自然の地球化学的循環を乱してきた自然の気まぐれなのだ。それでも私たちは微生物を必要とする。

私たちは微生物進化に手を加えるようになっている――しかも自分が何をしているかを理解していない。試みはまだ学問的な活動だが、ささいなことではない。たとえば、J・クレイグ・ヴェンターらは、人間がコンピュータを使って遺伝情報を完全に設計し、実験室で合成し、宿主の遺伝情報を破壊するように遺伝子操作されて宿主細胞に注入される微生物を生み出す作業をしている。宿主細胞は単純に、人間が意図して作ったゲノムの容器となった。

たいていの合成生物学者は、地球という系に関心を向ける――窒素固定能力がもっと優れた微生物を作る、あるいはもっと良いこととして、私たちが食糧用に依存している穀物に窒素固定のための遺伝子を直接挿入することを目指している。合成生物学者は、二酸化炭素と酸素を区別するルビスコを作り、その新たな「改良」ルビスコを地球全体に広めたいと思っている。日々試みられている微生物などの生物の修正リストは事実上きりがない。こうした努力の大半は、人間にとって持続可能な未来を切り開く気高い試みだが、地球の生物進化の道筋に対する意図せざる帰結の理解が足りないことは、ほとんど検討されていない。

人間はこの地球での一過性の動物で、私たちの短い歴史の中で、藍藻類が酸素を代謝の廃棄物として作り始めて以後、最大級の破壊的な生物学的力の一つとなった。私たちは現代の生物学的ボルシェヴィキだ。藍藻類と同様、意図せざる帰結というパンドラの箱を開けることになりかねない。私は、私たちの知的能力と技術的能力のずっと良い使い方は、自分たちが結果から逆算して再構成することはできない生物に手を加えるよりも、コアとなるナノマシンがどう進化し、そのマシンがどう地球に広がって生命のエンジンとなったかを理解することだと思う。

なぜかというと、微生物はこの地球の管理者だが、それが電子や元素をその表面で移動させるシステムをどう進化させたか、私たちはほとんど理解していないからだ。最終的には、電子の流れが地球を居住可能にしている。私たちはその電子回路の動作について最少限のことしか知らず、その制御のしかたは知らないのに、傲慢さと、飽くことなくもっと資源を求めることによって、この回路に手を加え、破壊する。ありがたいことに、微生物制御の電子回路には相当の冗長性が組み込まれていて、私たちがそれを大々的に破壊することは事実上できないが、そうしようとするのを止めようとしていない。

微生物は、進化の歴史の中で、この地球を自分たちにとっても、また最終的には人間にとっても居住可能にしてきた。私たちはその道のりでの乗客にすぎないが、運転している生物に手を加えている。自分自身を抑えなければ、そうと知らずに、地球市場にある電子の均衡を根本的に乱せるような微生物を作り出し、送り出してしまうのは時間の問題でしかない。そうなったら壊滅的なことになりかねない。

第11章　火星の微生物、金星の蝶？

科学の世界にある問いの中でも、「私たちしかいないのか」という問いほど深いものはない。

この問いにどう答えるかで、人間の自らについての見方が変わってしまうかもしれない。私たちだけではないのなら、他にどんな形の生命が存在しているのだろう。どういうふうに発生したのか。その生命が暮らす星ではどういう状況なのだろう。この地球で生命がどのように発生し、その後存在した生物に、いろいろと登場するナノマシンがどのように組み込まれ、地球で生き続けているのかを理解しようとするときには、太陽系の他の惑星、あるいは遠い宇宙にある恒星を回る惑星上でも、似たようなナノマシンが進化しただろうかとも問うていることになる。もしそうだったら、いったいどうすればそれがわかるだろう。

木星を回る衛星をガリレオが発見し、地球が宇宙の中心ではないことを明らかにしたときから、私たちは長い時間をかけて、この地球を、天のもやに浮かぶ、生命がいるちっぽけな斑点と見るようになってきた。およそ一四〇億年前に一点が爆発して生まれた光の先端に達するには、その大きさを何桁上げなければならないだろう。そんなことはほとんど把握しきれない。望遠鏡は広大な宇宙を覗き込む精巧な器具となったが、ここからほんの数光年のところの惑星を捉える解像度は、今のところ二一世紀初頭の最高の顕微鏡の解像度と比べると、まだずっと劣る。物体が動いているのを見て、その大きさを推定することはできるが、地球の外に生命がいるかどうかはまだわからない。私たちしかいないかどうかは本当にはわかっていない。

本当に理解している人となるとごくわずかの科学上の証拠からすると、宇宙は膨張していて、そこには何千億もの銀河があると私たちは考えるようになっている。それでも私たちにわかるかぎり、地球は当面、特異なものである。これは生命を湛えていることがわかっている唯一の惑星だ。そこにいる生命はすべて、生命の明瞭な徴候となるガスを発生させる微生物中のナノマシンに基づいている。この惑星は居住可能なだけでなく、実際に居住されている。

それは地球だけに特異なことかという問題は、私にはこれまでほとんどずっとつきまとってきたし、生物学者にはそういう人が多い。世界中で子どもたちが星を見て、地球で生命はどのように始まったのかと不思議に思うときに抱く疑問もそれだ。この問いに答えが出る可能性はあるし、その答えは明らかに、地球規模の電子市場を生み出し、この惑星の大気の成分を変え、当の惑星をも変えた微生物や、そこにあるナノマシンの進化にある。

この太陽系には、ロケットで打ち上げられる探査機がまずまずの時間で到達しうる近隣の惑星が二つある。金星と火星だ。今日では、この二つの惑星は地球とはまったく違うが、三〇億年前にはおそらくそうは言えなかっただろう。

金星の質量は地球の八〇パーセント強だが、表面に液体の水はない。金星は今、無数の火山から放出された二酸化炭素できわめて濃密に覆われている。ガスの層は厚く、金星表面での気圧は地球表面の約一〇〇倍ある。金星の表面に立つことができたら、地球の海の深さ一〇〇〇メートルのところに相当する圧力を受けることになる。人は一〇分の一くらいの大きさにつぶされるだろう。そもそも水分が沸騰してしまう。

厚い二酸化炭素の層は温室効果で太陽の放射を吸収して逃さず、金星は太陽系でいちばん熱い惑星になっている。表面では鉛が融けるほどの熱さだ。ところが、金星ができてまもない頃はもっと冷たくて、表面には液体の水がありえたことを示す証拠がある。そこに生命がいたかどうかはわからないが、今の猛烈な表面温度と、岩だらけになった表面のせいで、かつて生命がそこに存在していたとしても、無人探査機がその証拠を見つける可能性は低い。しかし火星となると話が違ってくる。

今日の火星は、非常に冷たく乾燥していて、大気はごく薄い。しかし地球よりもずっと小さい惑星でもあり、惑星の核は放射性物質の燃料を使い果たしていて、惑星内部は、生命にとって枢要な二酸化炭素などのガスを放出できるほど熱くない。五億年以上前から見るべきほどの火山活動は起きていない。火星表面はそれ以前の火山から噴出した溶岩と、砂や塵のもろい粒で覆われていて、ところどころ大きな岩やクレーターがある。火星は地球外生命の研究では、何十年も前から第一の標的だった。概念的には、火星と金星では地球と同様に生命が進化しえただろう――しかし地球だけがくじに当たった。

私たちは気まぐれを抑制するかもしれないが、不安定でもあり、地球を破壊したりした場合に、近隣の惑星に故郷を確保したいと思っている。火星は有力候補に見える。

一九七五年、人類が史上初めて月面を歩いてから六年後、ＮＡＳＡは二機の探査機を、三週間も間をおかず、火星へ向けて打ち上げた。このバイキング1号と2号の二機は、当時としては最も野心的な宇宙探査の試みだった。各探査機は、軌道船と着陸船の二つの部分で構成されていた。次の四年間、軌道船は五万枚以上の写真を撮影して、惑星表面の地図を作った。着陸船はただのデモンストレーションではなく、この赤い惑星に、現存するものであれ過去のものであれ、生命のしるしを探すための器具を装備していた。こうした器具は、とくに火星の土に生物が作った可能性があるガスを捜索し、また生物が代謝したり生産したりした可能性がある有機物を見たりして、微生物の証拠を探すように作られていた。

この飛行計画は生物学の面がきわめて野心的だった。プロジェクトを率いたのは、プリンストン出の生物学者、ジェラルド（ジェリー）・ソフェンだった。第二次世界大戦のとき、米軍の非武装救急車両を運転していたソフェンは、クリーブランドなまりのイディシュ語（ドイツ以東のユダヤ人の言語）を話して、一個小隊のドイツ兵を、侵攻するソ連軍に殺されないように投降するよう説き伏せた。そういう経験からすれば、地球以外にも生命が存在する、あるいは存在したことを証明する試みをＮＡＳＡの幹部に納得させるのは易しいことだった。

当時、バイキングによる火星への飛行は一〇億ドル以上かかった。ソフェンは科学諮問委員会を編成した。そこにはジョシュア・レーダーバーグとハロルド・ユーリーがいた。さらにソフェンには先見の明もあって、技術者に対して、火星の過酷な条件下で動作する器具を作り、宇宙に打ち上げられるほど軽く、放射線量が高い中で何年かもつほど丈夫にするよう求めた。こうした厳しい条件はおいそれとは満たせなかった。

それでも器具は完璧に動作し、火星の土を採集して、生命の第一のしるしである有機物の徴候を調べた。最初の結果は有望で期待が高まったが、さらに検討すると、火星表面には今も昔も明瞭な生命の徴候はないことが明らかになった。この結果が示していたのは、液体の水と火山活動が存在する証拠だった——地球での生命の形成を助けたことがほぼ確実な二つの成分だった。その後の何十年か、ＮＡＳＡのスローガンは「水を追え」となった。私たちはそれ以来、そのスローガンに従っている。その後も何度か火星探査はあったが、今のところ、いずれでも有無を言わせない生命の証拠は見つかっていない。

バイキングのチームは、火星で生命の証拠を見つける点では、少なくとも一つの潜在的な、また避けられる可能性もある問題点を認識した。この地球から生命を持って行って汚染してしまうということだ。いくらかの微生物などが必ず探査機に便乗してしまう。ＮＡＳＡは、このことがどこかの惑星に着陸する器具で生命を探す際の問題点にならないようにすることを試みた。実際、バイキングの着陸船は無菌化され、火星上に生命がいる証拠があったら、地球から同乗してきた微生物の活動ではないことを確実にするよう、念入りな措置がとられた。しかしこの問題は、火星の標本を地球へ持ち帰ってこちらで調べるときにはさらに重要になる。

ワシントンＤＣの三〇〇Ｅ通りＳＷにあるＮＡＳＡ本部の三階には、「惑星保護室（オフィス・オブ・プラネタリー・プロテクション）」という、先取り的だがそそられる名の部局がある。ＮＡＳＡの惑星保護担当官（ＰＰＯ）は、火星などの惑星、衛星、元惑星やその一族に着陸する探査機の微生物汚染を最小限にするのが任務だ。ＰＰＯには、そうした天体から私たちがサンプルを持ち帰る場合には、それが地球の生命を殺したり変えてしまったりすることのないようにするという任務もある。興味深い仕事で、パーティの話題としてはうってつけだが、その仕事はあだやおろそかなことではなく、それも当然のことだ。

火星に生命の証拠が見つかるとしても、結局、進化の過程がまったく同じ基本構造のナノマシンに収斂するると予想されるだろうか。それはまったくありそうにない。私たちの先祖が火星生まれで、隕石に乗って地球まで運ばれたとか、あるいはその逆とかのことがなければ。隕石で運ばれるなどと言うとこじつけに思われるかもしれないが、火星から飛んできた隕石は、地球で見つかっている。最も有名なものは、一九八四年に南極で、アラン・ヒルズ地区を調べて回っていた地質学者のグループが発見したものだ。その重さ一キロ余りの岩石が普通の隕石ではないことが認識されるまでには少し時間がかかった。

ＡＬＨ８４００１と命名されたアラン・ヒルズの隕石は、火星でおよそ四一億年前にできた岩石に由来するものだった。火星に何かの隕石が衝突してはじき飛ばされたものが火星の重力場をふりきり、約一万三〇〇〇年前に地球に落下したのだ。この岩石の重要性が理解されるまでにはおよそ一〇年がかかった。一九九六年、テキサス州ヒューストン近郊のＮＡＳＡジョンソン宇宙飛行センターに勤めるデーヴィッド・マッケイらのチームは、隕石を顕微鏡で調べ、火星に生命がいた証拠があると唱えた。

その証拠とは何か。いくつかの筋があった。まず、隕石の中に炭酸塩の細かい粒があること。地球では、炭酸塩の形成には液体の水を必要とする。当時、初期の火星に水があったかもしれないというのはかなり目を引くことだったが、もっと目を引いたのは、炭酸塩粒の中に、ごく小さな、化石の微生物に似た、みみずのような構造があったことだった。それは確かに驚くべきことだが、その構造物は小さくて、どう見れば本当に微生物の化石だと言えるかは理解しにくかった。地球には、隕石中に見つかったものほど小さい微生物は知られておらず、単純計算すると、そのような細胞が実際に存在したとすると、そのゲノムは信じがたいほど簡素化されているであろうことが示された。しかし、第三の証拠の解釈は、磁鉄鉱という、地質学的な状況では普通に見つかる鉄の酸化物のごく小さな粒が存在することに基づいていた。その粒の形は精密で、走磁性のある細菌が生み出すものとよく似ていた。さらに、磁鉄鉱を生み出す細菌は、細胞の中に結晶の小さな鎖を作る。顕微鏡で見ると真珠が連なっているように見える。この磁鉄鉱の鎖によって、細胞は磁場を感じることができるのだ。隕石中の磁鉄鉱の結晶の一部は、走磁性細菌に見られるものによく似た鎖状に並んでいるらしく、生命を示す最強の証拠と言われる。

火星の生命の証拠かもしれないものを記述する論文は、一九九六年八月六日、世界的な権威のある学術誌の一つ、『サイエンス』誌に掲載され、確かに人々の関心を集め、火星に生命を探すことについてあらためて巨大な関心に火をつけた。当時の合衆国大統領ビル・クリントンは、論文が発表された翌日、ホワイトハウスの南にある芝生で記者会見を開き、こう言った。「今日、８４００１という岩が、何億年もの年月と何千万キロの距離を超えて、私たちに話しかけます。生命の可能性について語っています。この発見が確認されれば、科学が明らかにした中でも最大級の、しびれるような宇宙の発見になるでしょう。そこには想像しうるかぎり遠大で畏敬の念を抱かせる意味が含まれています。それが私たちの最古の疑問のいくつかへの答えを約束するとしても、それがまた別の、もっと根本的な疑問をもたらします」。この演説は世界中の主要新聞で一面に載り、ＮＡＳＡにはあらためて目的意識を注入した。

アラン・ヒルズ隕石の顕微鏡で見た構造の解釈はどこまでも異論の余地があるが、「生命の起源はどこか」と「地球だけなのか」という、科学の核にある二つの問いへの関心を大いに集めた。多くの科学者は「私たちは火星生まれか」とも問う。ジョー・カーシュヴィンクはときどき、地球上の生命はすべて火星の隕石によって地球を汚染した生命の末裔（まつえい）だと論じることがある。

ALH84001のその後の分析結果は、私たちが知っているような生命とは両立しがたい。ほとんどの地質学者は、この隕石が化石になった微生物を示す説得力のある証拠だという説を退けるが、きちんとした形の磁鉄鉱が連なる鎖ができる過程は謎のまま残っている。とはいえ、この隕石の発見は、火星に生命が存在した／存在する可能性の再調査に確かに火をつけた。

ジェリー・ソフェンはNASA長官のダン・ゴールディンを説得して、火星に新たな着陸船を送り、宇宙で地球以外に生命を探す計画を発展させている。しかしこれがNASAの一過性の関心にはならないことを確実にするために、ジェリーはNASAに宇宙生物学の研究を進めさせ、一九九八年にはNASA宇宙生物学研究所の創立を監督した。この研究所の興味深くも難関となる役割の一つは、太陽系内外に生命の証拠を探すことだ。

二一世紀の最初の十数年、NASAは新たな地上探査車を何台か火星に着陸させた。それぞれがますます精巧になった生命の証拠探しのための器具を装備している。メタンや亜酸化窒素といった、微生物がいることの証拠ではなくても指標となるガスを見つけようという試みが何度も行なわれている。これまでのところ、その徴候は陽性ではない。もちろん決定的でもない。こうした探査はさらに何十年か続くだろうし、火星の土や岩のサンプルを採取して地球に持ち帰り、もっと徹底した分析を行なうという計画もある。これまでの探査は技術による偉業であり、火星の歴史についてわかったことも多い。しかし一方では、「地球だけなのか」という問いに答えるために、探索の目をさらに遠くにも向けている。

一九七二年、NASAはアポロ計画の一部として、初の宇宙望遠鏡を打ち上げた。この装置は、光のスペクトルのうち、地球表面では大気圏に大部分を吸収されて遮られる紫外線を記録し、この宇宙につ

(A)
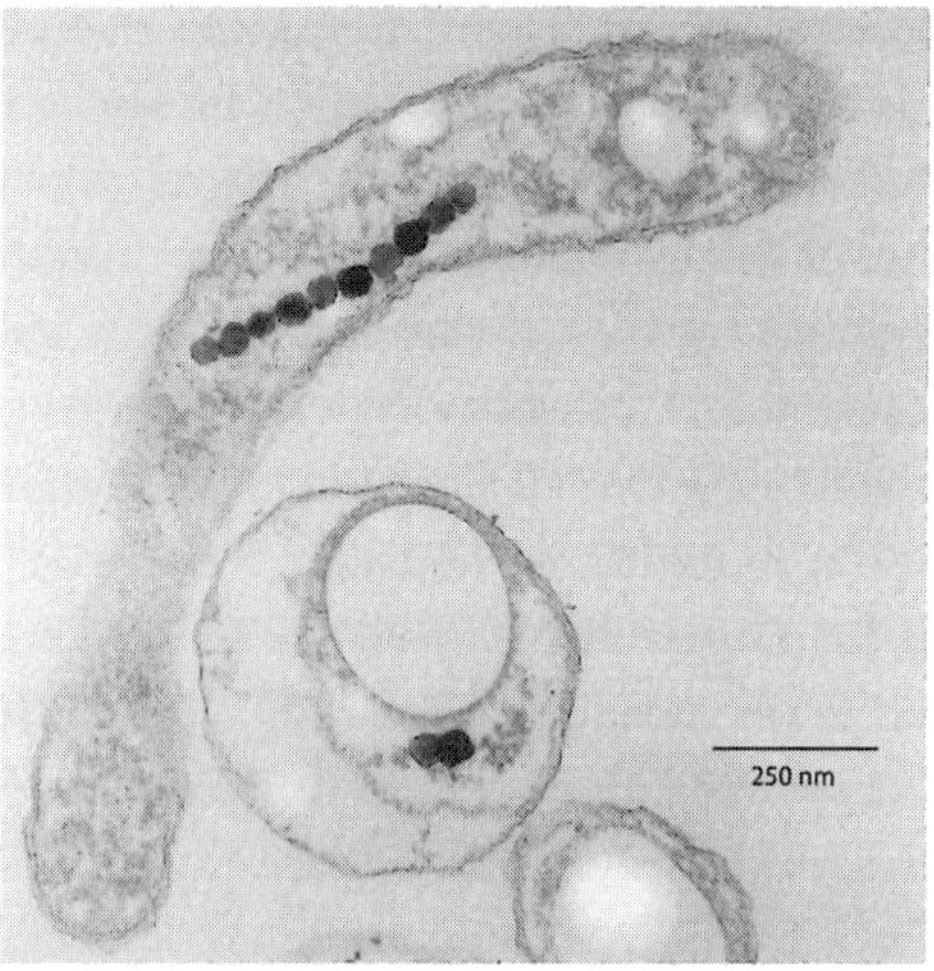

(B)
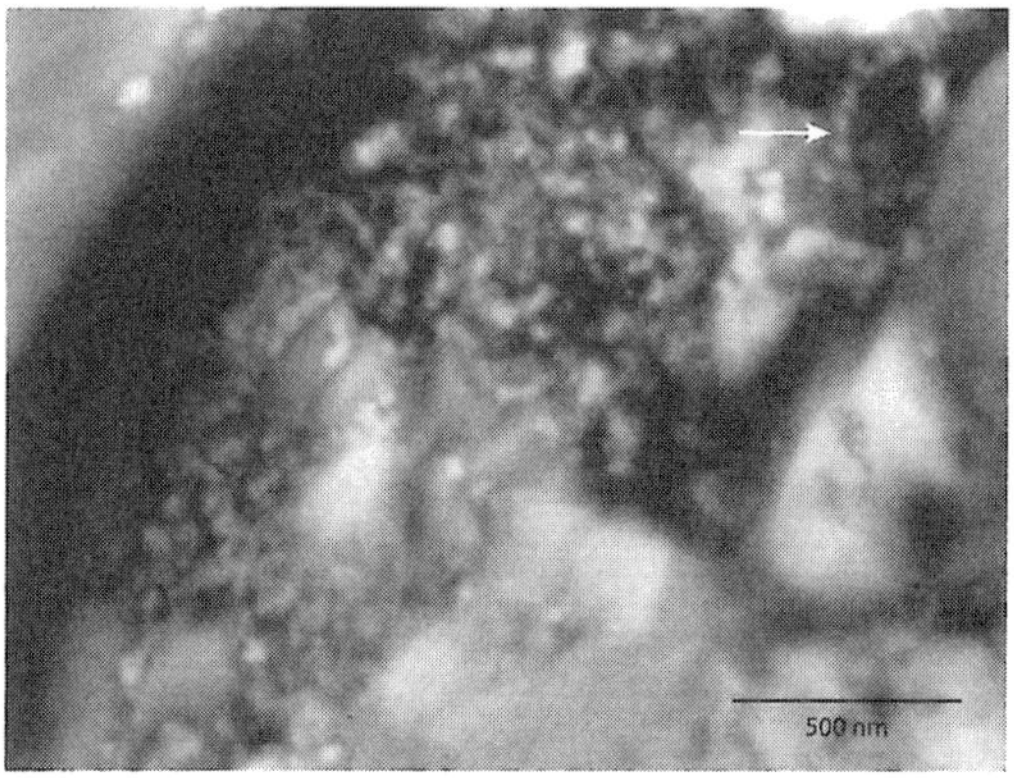

図38　(A) 細菌の中で磁石（磁鉄鉱）の粒子が列をなす、マグネトソーム——細胞が磁場を感じることができるようにする構造物——の電子顕微鏡写真。この構造はきわめて小さく、精密で、高度に組織だっている。これは細菌によって作られ制御される（小林厚子提供）。(B) アラン・ヒルズの隕石（ALH84001）から取った試料を磨いたものの走査電子顕微鏡写真。右上の隅から軸方向に並ぶ細長い磁鉄鉱の粒子が並んだものを見せている（矢印）。この構造は走磁性細菌に見られる物と似ている（J. Wierzchos と C. Ascasco 提供）。

いて、ガリレオが初めて木星の衛星について記述して以来の、最大級の発見を次々ともたらし始めた。

望遠鏡は光を検出するように設計されているが、宇宙望遠鏡は地球の大気を通さなくてよいので、遠くの天体でも著しい解像度がある。私たちがいる天の川銀河にある星からの光にごくわずかな違いがあっても検出できる。

一九八八年、ブルース・キャンベル、ゴードン・ウォーカー、スティーヴンソン・ヤンという三人の天文学者が、地球から四五光年のところにある連星、ケフェウス座ガンマ星からの光の波長に周期的な変化があることを報告した。連星には共通の重心を公転する二つの星がある。これはごくありふれたことで、三人が検出した波長の変化は、受け取る光の光源がわずかに遠ざかっているか近づいているかする結果、つまりドップラー偏移だった。三人は、このドップラー偏移は連星のどちらかを公転する惑星があって、その影響で、軌道が地球に対して近づいたり遠ざかったりする結果ではないかと唱えた。この惑星は、ケフェウス座ガンマ星Ａｂ〔ケフェウス座ガンマ星の連星のうちＡ星に見つかった最初の惑星（恒星のまわりの惑星を並べるときには、恒星自身がａとされる）〕と名づけられた。報告は懐疑的に迎えられ、二〇〇二年になって、やっと認められた。ケフェウス座ガンマ星Ａｂは太陽系外に発見された最初の惑星だったが、二〇一四年になると、太陽系外惑星は約二〇〇〇個が確認されており、毎年何百と見つかっている。しかし惑星に生命がいるかどうかはどうすればわかるのだろう。惑星は遠く、どんなに近い太陽系外惑星でも、地上探査機を着陸させることは、ひ孫あたりが生きている間までには、できそうにない。どうしてそうなるのかと言えば……。

一九七七年に打ち上げられた二機の探査機、ボイジャー1号と2号は、今頃、約一八〇億キロを飛んで太陽系を出て行こうとしている〔ボイジャー1号は二〇一二年に太陽系を脱出〕。速さは平均すると一年で五億キロ、時速にすると五万六〇〇〇キロほどだ。この速さでも、地球からいちばん近い恒星、四・二光年先にあるケンタウルス座プロキシマにたどり着けるのは、約八万年後ということになる。生命がいるのは地球だけかどうか知るのにそれほどは待てないのではないかと思う。とくにプロキシマには生命を宿すような惑星がないとなれば。幸い、天文学者はそれに代わる太陽系外生命の探索法を得ている。

一つは、今述べたように、恒星を公転する近くの天体のせいで軌道が変化するために生じる赤方偏移だ。この影響はわりあいわかりやすい。惑星が公転する恒星にも軌道があるからだ。惑星の軌道は恒星のスペクトル線に生じる波長の変化から検出できる。恒星がわずかにこちらに（あるいは宇宙望遠鏡に）向かって動けば、スペクトル線はわずかに青側（波長が短い側）へずれる。遠ざかるときには、スペクトル線は赤側（波長が長い側）へずれる。惑星が大きくなると、その効果も大きくなるので、今のところ、確認されている惑星は、ほとんどが質量の大きい、木星や土星クラスのものだ。そうした惑星は地球の何百倍もの質量があり、たいていはガス惑星で、陸も海もない。そのような惑星に生命がいるとはなかなか想像しにくい。

しかし、惑星を検出する方法は他にもある。この方法は、惑星がこちらから見て恒星の正面を通過するとき、恒星の光をごくわずか隠すことに基づいている。なかなか信じにくいが、宇宙望遠鏡でも、地上の望遠鏡でも、このいわゆる恒星面通過（トランジット）は、数十光年離れた恒星についてでも検出できる。その程度の距離なら、天文学者の視点からすれば、太陽系の地元のようなもの。測定原理は比較的単純で、惑星が星の正面を横切るとき、恒星からの光の量は、惑星が恒星の反対側にあるときよりもわずかに少ないことによる。恒星と望遠鏡の間に惑星があるときとないときに検出される光の量の差は、惑星の大きさを求める土台となる。惑星が大きいほど、遮られる光の量が多くなる。トランジット法から惑星の大きさがわかり、軌道上の速度によるドップラー偏移から質量がわかれば、単位サイズあたりの質量の比がわかり、これが惑星の密度について手がかりをもたらす。

密度が高い惑星は地球のような岩石惑星であり、これには生命が宿っている可能性がある。しかし望遠鏡による観測から合理的に推測できる特性は他にもいくつかある。重要なものの一つは、惑星が恒星をトランジットする間隔だ。地球は太陽から数えて第三の惑星で、公転周期は、地球の太陽日で数えて三六五・二六日となる。金星の公転周期は二二四・七日、火星は六九七日である。実は、太陽系にあるすべての惑星の公転周期を調べると、公転周期は惑星の質量とは無関係に、太陽からの距離と関係する。最大の軌道は海王星のもので（冥王星は惑星とは考えられていない）、これは六万二〇〇〇日で、だいたい一六四年で一周、つまり一人の人間が一生のうちに海王星が軌道を一周するのを見ることはないほどの長さということになる。しかし惑星のトランジット周期が恒星からの距離に関係するなら、惑星が太陽からの放射をどれくらい受け取るかが求められ、これはなかなかの獲物だ。

地球に近い方から二つの惑星、金星と火星は、今はもう表面に液体の水を持っていない。一方は熱すぎ、もう一方は冷たすぎる。地球は文句なしの惑星があるちょうどいい世界にあり、温度が比較的一定で、そのため私たちにわかる範囲では、表面で水が液体でいられるようになっている。理由の一つは恒星に近すぎないことであり、大気圏中の温室効果ガスが時間とともに調節されているからでもある。そのことからして特筆すべきことだ。

温室効果ガス、とくに二酸化炭素とメタンの濃度は、太陽がもっと暗かった三〇億年前は、今よりずっと高かったにちがいない。金星では、火山が大気圏にガスを放出するにつれて、二酸化炭素濃度を上げ続けた。これによって水は蒸発し、大気圏の上層部で太陽からの紫外線によって、水素と酸素になる。水素は最も軽い元素で、金星の重力場から脱出することができ、宇宙空間の中に放り出される。酸素は惑星表面の岩石と反応する。時間がたつと、この過程は金星の海を蒸発させてしまうことになる。太陽がゆっくり温まり、光度を増す何十億年か後には、金星はほぼ確実にそうなっている。しかし、火星や金星にはもはや表面に液体の水がないのに、地球は四〇億年以上の間、居住可能だった。

地球ではこれほど長く液体の水が維持されたのは、微生物の進化と地球の大気の間でのフィードバックによるものだ。微生物が地球電子市場を発達させるとともに、大気圏のガス組成が変化した。二酸化炭素は大気圏から除去され、そのうち二〇パーセントは有機物に変換されて岩石中に埋没する。温室効果ガスではない酸素がたまる。この変化によって、地球には動物の出現が可能になった。

今の金星には蝶はいないということ、おそらく過去にもいなかったことは確信できるが、太陽系の外にある惑星で生命を宿しているものはあるだろうか。あるとしたら、それを示す証拠はどんなものがあるだろう。

恒星からの質量や距離だけでなく、惑星大気の組成を判定することができれば、潜在的に太陽系の外に生命がいるかどうかを推論できそうだ。驚くことに、これは実行可能らしい。惑星大気を検出するための第一の方法は、惑星が恒星正面を通過するとき、観測者側から見ると蝕（しょく）になることを利用する。蝕のときには、恒星の光は惑星大気の薄い層を通過する。大気圏にあるガスは光を吸収し、同じ星が蝕ではないときに見られる、大気圏を通過しない光との違いを使えば、惑星大気のガス組成について推論できる。いくつかの高度な手法を使うと、望遠鏡で検出された光のスペクトルを、背景の恒星からの光を減らして正確に求めることができる。この測定には、装置に多大な投資が必要なだけでなく、望遠鏡での貴重な観測時間を長くかける必要もある。その結果、太陽系外惑星上の大気について得られている情報は、太陽系外惑星の国勢調査について得られるよりもはるかに少ない。惑星大気に水蒸気、一酸化炭素、二酸化炭素、メタン、さらにはアセチレンが含まれることは探知できた。そうした惑星の大半はガス惑星で、親恒星に非常に近いので、極端に大きくて熱い。これまでのところ、恒星の周囲の居住可能(ハビタブル)区域(ゾーン)にはなく、また生命を宿していそうな候補にもならないが、その状況は、見つかる惑星が増え、観測用の装置が高度になるので、今後の一〇年ほどで変化することはほぼ確実だ。

生命が太陽系外惑星に存在する証拠は大気圏のガス組成が平衡しているかどうかである。ここで言う「平衡」とは、構成するガスが、惑星自身の地質学的な状況によってすぐに生産できることを意味している。たとえば地球上では、生命があろうとなかろうと、火山が二酸化炭素とメタンを放出し、太陽からの熱が液体の水を蒸発させる。こうしたガスはそれ自体は生命の印とはならない。それでも、植物や動物が登場するよりずっと前の微生物による大気の変化は、表面に液体の水が存在できるほど恒星に近い場所であるハビタブルゾーンにある太陽系外惑星上に、どんなガスを探すべきかについて、何らかの方針を与えてくれる。

最もわかりやすいのは酸素分子で、これは地球の成層圏にあるオゾンの生産につながっている。ハビタブルゾーンにある地球型の惑星にオゾンが検出されるということは、生命の存在を仮定しないことには収まりがつきにくい。オゾンは、平衡状態について理解されているいかなる仕組みによっても、維持されるガスではない。亜酸化窒素も平衡状態ではありえないガスの候補だ。大気に亜酸化窒素とメタンの両方を含む地球型の惑星が探知されれば、それはほぼ確実に生命を宿すことができる。

一六一三年一月、ガリレオは、自身が木星を回る衛星を発見してから四年後、太陽系にあって肉眼で見ることができない惑星を観測した〔ガリレオ自身がそのことを公式に発表したわけではない〕。この惑星、海王星は、地球から四五億キロほど離れていて、地球と同様、太陽を公転する。四〇〇年たって、銀河系にはおよそ一四四〇億個の惑星があると推定されている。その数だけでも途方もないが、既知の宇宙には一〇〇〇億個以上の銀河がある。そこにある生命が地球にいる私たちだけという可能性は実に低い。地球が生命を宿す唯一の惑星だとしたら、当たる確率が10^{22}分の1以下の宝くじに当たったということになる。私は天の川銀河の近くに他にも当たったところがあることに賭けてもいい——が、私は賭けはしない。

数を考えれば、ハビタブルゾーンにある地球型惑星上で平衡から外れたガスが発見されるのは、ほとんど避けられない。その発見は人類としての私たちにとって姿を変えるほどのことになるだろう。何が地球を稀（まれ）な存在にしているか、あるいは逆にたぶん、なぜそれほど稀ではないかについて、考えざるをえない。しかしまた、生命が多くのところで何度も独自に進化できることを理解せざるをえなくなる。惑星表面全体に電子を移動させ、そうして惑星のガス組成を変えるような何らかのナノマシンがよそで進化したことがわかるだろう。絶対に確実ではありえないが、微生物の系がおそらく、生命を、またたぶん複雑な生命を宿せる惑星にすることに関与していたと推測できる。

私たちの生命の系統樹はこの惑星に限られている。何光年も離れた惑星上の生命と起源が共通であるとは信じがたい。そしてもしそうだったら、生命の起源にはありうる答えがいくつかあるのだろうか。生命は、他の惑星に解き放たれたとしても、そこで存在する方法を見つけなければならない。しかしどうするのだろう。

基本的なシステムが動作するかぎり、その惑星には、天のよそにあるもやとは別の、何らかの長続きする反応が宿るだろう。そのシステムには、生物のための材料を地質学的に再利用することが含まれている。地球ではその過程は地殻変動だ。方式はそれだけだということではないが、何十億年という時間のスケールで動作することが私たちにわかっているのはそれしかない。また大気圏――あるいは生物の代謝を惑星表面でつなぐ配線のようにふるまう何らかの流体――もなければならない。

地球上の生命はもろくもあり、柔軟でもある。私はこの惑星に蝶がいることを知っているし、明らかにか弱いその生物が、地球に二億年以上いることも知っている。しかし私たちと同様、蝶もその存在を微生物による機構に頼っている。感謝を向けるべきは、微生物だ。それこそが、この宇宙の標準からすれば星屑のかけらであるものを立派に住めるようにし、保守管理している。それによって、当の微生物より大きく成長した親戚であり、このかけらを間借りして一時的に惑星を華やかにする、動物や植物が成り立っているのだ。

生命のためにつながっためぐり合わせは、ニューヨークの公団住宅でエレベーターに乗っている間にはまず見つからない。しかしそのようなめぐり合わせこそが、私たちに自分が暮らしている世界を探り、惑星の外に生命を、遠い恒星やそこにある惑星からの光源の中に探すことができるようにしている。

「知的」生命が見つかるかどうかはまた別の話だ。知的生命はおそらく銀河系のこのあたりでは、きわめて稀な存在だろう。それが地球上で進化したのはこの二〇〇万年くらいのことで、惑星を変えてしまいかねないほどの技術を発達させたのはこの一〇〇年ほどのことだ。

この宇宙にいる生命が私たちだけだとすれば、私たちの異様さを理解する必要がある。私たちだけでないとすれば、もっと謙虚になる必要がある。とはいえ、私たちはみな、仲間の真核細胞生物と話す真核細胞生物として巨視的な体であり、私たちの生存は、遠い昔に進化した、微生物にある微視的なナノマシンの進化によってこそありえた。微生物こそが私たちの本当の先祖であり、地球を本当に管理しているのも微生物なのだ。

謝辞

この本についてはしばらく前から考えていて、二年以上の間、ときどき思い出したように書いていた。中心になる構想は、ラトガース大学で毎年教える「地球系の歴史」という授業の副産物として育っていたが、教科書を書きたいわけではなかった。もっと広い読者に届けたかったし、地球を居住可能な惑星にする際の微生物の役割について、今わかっていること、それからたぶんもっと大事なことに、まだわかっていないことを明らかにしたいと思っていた。大部分は、ハーバード大学ラドクリフ高等研究所で在外研究をしたときにできあがった。同研究所で迎えてくれた方々や、仲間の研究員の方々には、最初の何章かを読んで意見をいただいたことに、大いに感謝している。とくにレイ・ジェヤワドハナ（レイ・ジェイ）、タマー・シャピロ、ベニー・シロ、アレサンドラ・ブオナノには、書き始めた頃のご協力に感謝する。友人にして同業の、ハーバード大学のアンディ・ノールには、何章かの草稿を読んで批評し、私がマサチューセッツ州ケンブリッジにいたときに多くの議論をしてもらうという形でお世話になった。二〇〇六年に名古屋大学での連続講演に招いてくれた友人、故才野敏郎に感謝する。当時の日本での講演が、本書の組立てに焦点を結ぶ助けになった。何年にもわたる多くの人々との会話に助けられ、地球での生命の起源に対する微生物の役割について、自分の考えを形成することができた。生物地球化学的循環を維持するうえでの微生物の役割を記述する論文で共同研究をしたトム・フェンチェルとエド・デロングに感謝する。その論文の基礎は、本書の何章かを展開する上で欠かせないものだった。故リン・マーギュリスはよく支援してくれて、共生について食事をしながら何度も話し合った。ジョー・カーシュヴィンクとミニク・ロージングは、古い岩石がどんな話を語れるかの理解を助けてくれた。多くの人々に何章か読んでもらい、建設的な意見をもらった。とくにプリンストン大学出版にいて、本書を促してくれたサム・エルワージー、辛抱強く、本書を良くする鋭い意見をくれた担当編集者のアリソン・カレットにお礼申し上げる。妻サリー・ラスキンには、建設的な意見と愛情ある励ましに感謝する。長年の友人ボブ・クロスには多くの思いやりのある提案をもらった。フォード・ドゥーリットル、デーヴ・ジョンソン、ドン・カンフィールド、ポール・ホフマン、ダグ・アーウィンには、自分では気づかなかった誤りを指摘してもらった。ニック・レーンは私が意見をくれるよう頼んだ何章かをほめてくれてとてもうれしかった。また本書の基本構想について話し合ったのも楽しかった。これまで多くの学生、ポスドク、共同研究者が、生命の進化における微生物の役割について私が考えをまとめる手伝いをしてくれた。私の研究に対するＮＡＳＡ、米国立科学財団、アグロン研究所、ゴードン／ベティ・ムーア財団の支援にお礼申し上げる。サリーと二人の娘サーシャとミリットには、理解と忍耐について、また私が執筆していると きに奪った時間について、感謝し、お詫びする。一九九八年以来勤めているラトガース大学の同僚にも感謝。生物物理学者にして海洋学者の私が地質学科で地球系の歴史を教えることになろうとは思いもしなかった。とはいえ、何より、両親に感謝する。二人とも科学者ではないが、私が子どものときから人生の夢を追いかけることを励ましてくれ、長じてからずっと私の役に立った学問の機会と情緒的な支援を与えてくれた。

訳者あとがき

本書は、Paul G. Falkowski, *Life's Engines: How Microbes Made Earth Habitable* (Princeton University Press, 2015) を邦訳したものです（文中、〔 〕でくくったところは訳者による補足）。著者のフォーコウスキーは、微生物の進化論や生化学が専門の海洋生物学者で、ニュージャージー州ラトガース大学地質科学・海洋沿岸科学科の教授を務めています。その著者が、自身の専門とする分野を中心に、微生物が地球での生命進化や環境で果たしている役割をまとめたのが本書です。

その軸として設定されているのが、微生物の基本的な機能を、電子（あるいは水素イオン＝陽子）のやりとりとして見るということです（高校で化学を勉強した人は、おなじみ「酸化と還元」が、実は電子のやりとりに帰着するという話を思い出すかもしれません）。これによって微生物は、エネルギーを生み出し（ＡＴＰ合成など）、逆にそれを消費して（呼吸）、細胞の様々な機能、とくにタンパク質を合成して必要な「ナノマシン」を作り、動かし、最終的には自らを複写することになります。

「微生物」と言いましたが、著者は自分が実際に調べ、把握した対象としてこれを参照して解説しているとはいえ、もちろん実質的には生命全体の機能も同じことです。私たち人間を含めた動物や植物も、元はといえば簡単な微生物が融合した複雑な微生物であり、それが（細胞となって）さらに「進化」したものというわけです（この「進化」という言葉には、日常使われている意味とはまったく違う、生物学特有の意味があり、本書ではその点にも触れられています)。

個々の生物体からすれば、生物(細胞)が、内外での(個体と環境との)電子のやりとりを行なっているということになりますが、本書の第二の眼目は、生命系の動きを地球全体での電子の往来と見ることで、ある意味で個々の生物は電子の往来の副産物、少なくとも地球全体で電子を往来しやすくする道具ということになります。人間は個々の生物に着目してそのすばらしさ、貴重さを説くものですし、そういう視点がありうることも確かですが、地球全体としては(あるいは地球科学的には)、個々の生命がどうというより、電子の流通をスムーズにし、その循環を維持するシステムを作り、守っているし、逆に生命の存在はそこにかかっているということにもなります。

そしてそれを保守管理している存在が、実は微生物だということも、本書の柱の一つです。地球に電子を流通させるために必要なツール(むしろミクロとはいえ工場)を用意し、そのタンパク質を符号化するDNAを得たのは微生物です。その後の生物は基本的にそのシステムを利用しているということもさることながら、微生物は、それによって、親から子へという垂直の継承だけでなく、微生物どうしでDNAをやりとりすることにより、水平的に遺伝子を広めます。変化してしまったり、失われてしまったりしては電子の流通が阻害されるような「コアな」遺伝子を守る保険をかけあっているのです。これがなければ、コアな遺伝子とそれによるコアな装置を持った系統が何かの拍子に滅びてしまえば(地球ではしょっちゅう起きていること)、電子流通システムを構成する大事な装置が欠けてしまい、ひいては地球全体での電子の流通が、さらには生命系そのものが成り立たなくなるかもしれません。微生物がDNAを直接環境に撒いたり拾ったりすることによって、大事なものがどこかに残るようになっています。たとえ、それを受け継いだ「高等な」動植物が(もちろん人類も含め)絶滅しても、ある程度の種類の微生物が残っていれば、地球の生命系は残り、そこからあらためてそこで必要な装置ができたり、それを受け継いだりして、また別の生物の世界が進化しうるというわけです。

何度かの大量絶滅を経ても、全滅はせず、また新たな生物が繁栄したという進化の歴史がこうして説明されますし、今の人類のいる世界も前の大絶滅と次の大絶滅のあいだの期間でしかないという不穏な意味もまた出てきます。巨大な地球の生命系も、ミクロな微生物が支え、管理していると言うと、人間にとってはちょっと残念かもしれませんが、地球や宇宙にふさわしい（地球外生命の可能性も本書では取り上げられています）、壮大な話だと言えるでしょう。生命の成り立ちや進化ということの意味を、あらためて意識していただければと思います。

＊

本書は青土社書籍編集部の渡辺和貴氏のすすめにより翻訳をさせていただくことになりました。編集の面倒も見てもらった同氏と、翻訳刊行のためのアレンジメントをしていただいた同社の方々にお礼を申し上げます。また、装幀を担当してくださった岡孝治氏にも感謝いたします。

二〇一五年九月

訳者識

索引

は行

ま行

や行

ら行

索引

参考資料

第1章

The 1785 Abstract of James Hutton's Theory of the Earth. C. Y. Craig, editor. 1997. Edinburgh University Press. この30頁の文章が転換点となり、ライエルに影響した。

Darwin and the Beagle. Alan Moorehead. 1983. Crescent Press. ダーウィンのビーグル号での暮らしについての生き生きとした、読みやすい語りで、ある意味で、ダーウィン自身による話よりも優れている。〔アラン・ムーアヘッド『ダーウィンとビーグル号』浦本昌紀訳、早川書房（1982）〕

Measunng Eternity: The Serch for the Beginning of Time. Martin Gorst. 2002. Broadway Publisher. 地球の年齢がどのようにわかってきたかをよく調べてうまく書いてある本。〔マーチン・ゴースト『億万年を探る』松浦俊輔訳、青土社（2003）〕

On the Origins of species. Charles Darwin. 1964. Harvard University Press. 初版の再現版。〔原書初版の訳としてはチャールズ・ダーウィン『種の起源』渡辺政隆訳、光文社古典新訳文庫（上下、2009）など〕

Principles of Geobgy. Charles Lyell. 1990. University of Chicago Press. ライエルの原書を著者による図版を含め復刻したもの。読むのには少々長たらしい。〔この版の訳ではないが、邦訳としてはライエル『ライエル地質学原理』河内洋佑訳、朝倉書店（上下、2006～2007）〕

Seashell on a Mountaintop: How Nicolas Steno Solved an Ancient Mystery and Created a Science of the Earth. Alan Cutler. 2004. 2004. Plume Press. 化石が

発見されるようになる歴史の解説。〔アラン・カトラー『なぜ貝の化石が山頂に？』鈴木豊雄訳、清流出版（2005）〕

第2章

"The discovery of microorganisms by Robert Hooke and Antoni van Leeuwenhoek, fellows of the Royal society." H. Gest. *Notes Rec. R. Soc. Lond.* (2004) 58: 187-201. doi: 10.1098/rsnr.2004.0055. レーウェンフックについて、フックとの友情についてのすばらしい解説。

Microbe Hunters. Paul de Kruif. 1926. Harvest Press. 微生物学、とくに病気と関連する分野での何人かの先駆者についての古典的な入門。今となっては少し古い。〔ポール・ド・クライス『微生物を追ふ人々』秋元壽惠夫訳、第一書房（1942）〕

Micrographia – Some Physiological Descriptions of Minute Bodies Made by Magnifying Glases with Observations and Inquiries Thereupon. Robert Hooke. 1665. Reprinted 2010. Qontro Classic Books. 復刻版はオンラインで無料で閲覧可能。www.gutenberg.org/ebooks/l15491.〔ロバート・フック『ミクログラフィア』板倉聖宣ほか訳、仮説社（1985/2013）〕

第3章

The Age of Everything: How Science Explares the Post. Matthew Hedman. 2007. University of Chicago Press. 文明の年代、地球の年齢、宇宙の年齢をどうやって知るかを解説したすぐれた本。

Darwin's Lost World: The Hidden History of Animnl Life. Martin Brasier. 2010. Oxford University Press. 動物の進化に関する読みやすい、一人称での解説。

Life on a Young Planet: The First Three Billion Years of Evolution on Earth. Andrew Knoll. 2004. Princeton University Press. 先カンブリア代世界の微生

物世界についての楽しい解説。〔アンドルー・H・ノール『生命最初の30億年』斉藤隆央訳、紀伊國屋書店（2005）〕

第4章

Aquatic Photosynthesis. P. G. Falkowski and J. A. Raven. 2007. Princeton University Press. 光合成の基礎を、仕組みと進化の両面から述べた教科書。その気で臨まないと読めない。

Life's Ratchet: How Molecular Machines Extract Order from Chaos. Peter M. Hoffmann. 2012. Basic Books. 分子機械の動作を解説した非常に読みやすい本。

"There's plenty of room at the bottom: An invitation to enter a new field of physics." R. P. Feynman. 1960. http://www.zyvex.com/nanotechfeynman.html で閲覧可能。ナノマシンに関するすばらしい文章。〔リチャード・P・ファインマン「底のほうにはまだ十二分の余地がある」、『ファインマンさんベストエッセイ』大貫昌子ほか訳、岩波書店（2001）に所収〕

What Is Life? The Physical Aspect of the Living Cell. Erwin Schrödinger. 1944. Cambridge University Press. http://whatislife.stanford.edu/LoCo_files/What-is-Life.pdf で閲覧可能。理論物理学者が生命の仕組みを理解しようとした古典的な本。〔シュレーディンガー『生命とは何か』岡小天ほか訳、岩波文庫（2008）など〕

第5章

Cradle of Life: The Discovery of Earth's Earliest Fossils. J. William Schopf. 1999. Cambridge University Press. 先カンブリア代の微生物化石をどのように発見したかについての自身の体験談。〔J・ウィリアム・ショップ『失われた化石記録』阿部勝巳訳、松井孝典監訳、講談社現代新書（1998）〕

Eating the Sun: How Plants Power the Planet. Oliver Morton. 2007. Harper

Collins. 光合成の過程と、それが地球を変えた様子についての優れた解説。

Oxygen: A Four Billion Year History. D. E. Canfield. 2014. Princeton University Press. 地球で酸素がこれほど豊富になった経緯を探るうれしい本。

Oxygen, The Molecule That Made the World. Nick Lane. 2002. Oxford University Press.〔ニック・レーン『生と死の自然史』西田睦監訳、遠藤圭子訳、東海大学出版会（2006）〕

第7章

Microcosmos: Four Billion Years of Microbial Evoluion. Lynn Margulis and Dorian Sagan. 1997. University of California Press. 微生物の進化と共生の重要性を解説したもの。〔L・マルグリス、D・セーガン『ミクロコスモス』田宮信雄訳、東京化学同人（1989）〕

第8章

Lives of a Cell: Notes of a Biology Watcher. Lewis Thomas. 1978. Penguin Press. チャーミングで機知に富み刺激的なトーマスの文章を集めた古典的な選集。〔ルイス・トマス『細胞から大宇宙へ』橋口稔ほか訳、平凡社（1976）〕

Power, Sex, Suicide: Mitochondria and the Meaning of Life. Nick Lane. 2005. Oxford University Press. ミトコンドリアの仕組みと、真核細胞生物ができるときの役割について述べた優れた本。〔ニック・レーン『ミトコンドリアが進化を決めた』斉藤隆央訳、みすず書房（2007）〕

Wonderful Life: The Burgess Shale and the Nature of History. Stephen J. Gould. 1989. W. W. Norton. グールドの名著の一つで、古生物学の歴史を魅力的に覗かせてくれる。〔スティーヴン・ジェイ・グールド『ワンダフル・ライフ』渡辺政隆訳、ハヤカワ文庫 NF（2000）など〕

第9章

The Alchemy of Air: A Jewish Genius, a Doomed Tycoon, and the Scientific Discovery That Fed the Wotrld but Fueled the Rise of Hitler. Thomas Hager. 2008. Three Rivers Press. ハーバーとボッシュ、窒素肥料の商業生産をもたらした化学反応の歴史。〔トーマス・ヘイガー『大気を変える錬金術』渡会圭子訳、みすず書房（2010）〕

From Hand to Mouth: The origins of Human Language. Michael C. Corballis. 2003. Princeton UniversitY Press.〔マイケル・コーバリス『言葉は身振りから進化した』大久保街亜訳、勁草書房（2008）〕

The Genesis of Germs: The Origin of Diseases and the Coming Plagues. Alan L. Gillen. 2007. Master Books. 微生物による病気がどう進化し、広がるかを述べた本。夜、寝る前の本としては薦められない。

Microbes and Society. Benjamin Weeks. 2012. Jones and Bartlett Learning.

第10章

The Double Helix: A Personsl Account of the Discovery of the Structure of DNA. James D. Watson. 1976. Scribner Classics. タイトル〔二重らせん　DNA構造発見体験記〕がすべてを語る。〔ジェームス・D・ワトソン『二重らせん』江上不二夫ほか訳、ブルーバックス（2012）など〕

Introduction to Systems Biology; Design Principles of Biological Circuits. Uri Alon. 2006. Chapman and Hall/CRC Press. きわめて淡々とした本。覚悟がないと読めない。〔Uri Alon『システム生物学入門』倉田博之ほか訳、共立出版（2008）〕

Life at the Speed of Light. J. Craig Venter. 2013. Viking. 合成生物学が現代科

学の土壌に収まるようになったいきさつの、歴史的・個人的概観。

Regenesis: How Synthetic Biology Will Reinvent Nature and Ourselves. George Church and Edward Regis. 2014. Basic Books. 化学者から見た地質学と、微生物や自身をも遺伝子的に変える人間の能力についての歴史的概観。

Rosalind Franklin and DNA. Anne Sayre. 1975. W. W. Norton. ＤＮＡ構造発見の裏話。〔アン・セイヤー『ロザリンド・フランクリンとDNA』深町真理子訳、草思社（1979）〕

第11章

How to Find a Habitable Planet. James Kasting. 2010. Princeton University Press. 天文学者が太陽系の外に生命を確認できる論理についての優れた読み物。

The Life of Super-Earths : How the Hunt far Alien Worlds and Artificial Cells Will Revolutionize Life on Our Planet. Dimitar Sasselov. 2012. Basic Books. サセロフは天文学者。この本は生命の起源と、天の川銀河のどこかで生命がみつかるかもしれないことに関する解説。

Rare Earth: Why Complex Life Is Uncommon in the Universe. Peter Ward and Donald Brownlee. 2000. Copernicus Books. 著者は複雑な生命を湛える惑星の数についての悲観的な見方を示している。

微生物が地球をつくった　生命40億年史の主人公

2015年10月30日　第1刷発行
2016年7月14日　第3刷発行

著者　ポール・G・フォーコウスキー
訳者　松浦俊輔

発行者　清水一人
発行所　青土社
東京都千代田区神田神保町1-29　市瀬ビル　〒101-0051
電話　03-3291-9831（編集）　03-3294-7829（営業）
振替　00190-7-192955

印刷所　ディグ（本文）
方英社（カバー・表紙・扉）
製本所　小泉製本

装幀　岡 孝治
cover photo: ©Jezper / shutterstock.com

ISBN978-4-7917-6892-9　Printed in Japan